环境科学丛书

Series of Environmental Science

珍贵的水资源

张　哲　编著

大连出版社

DALIAN PUBLISHING HOUSE

© 张哲 2013

图书在版编目（CIP）数据

珍贵的水资源 / 张哲编著. － 2 版. － 大连：大
连出版社，2015.7（2019.3 重印）
（环境科学丛书）
ISBN 978－7－5505－0911－5

Ⅰ．①珍… Ⅱ．①张… Ⅲ．①水资源—资源保护—青
少年读物 Ⅳ．①TV213.4－49

中国版本图书馆 CIP 数据核字（2015）第 135535 号

环境科学丛书
Series of Environmental Science
珍贵的水资源

出 版 人：刘明辉
策划编辑：金东秀
责任编辑：金东秀　李玉芝
封面设计：李亚兵
责任校对：姚　兰
责任印制：徐丽红

出版发行者：大连出版社
　　地址：大连市高新园区亿阳路 6 号三丰大厦 A 座 18 层
　　邮编：116023
　　电话：0411－83620941　0411－83621075
　　传真：0411－83610391
　　网址：http：//www.dlmpm.com
　　邮箱：jdx@dlmpm.com
印 刷 者：保定市铭泰达印刷有限公司
经 销 商：全国新华书店

幅面尺寸：160 mm × 223 mm
印　　张：8
字　　数：120 千字
出版时间：2013 年 9 月第 1 版
　　　　　2015 年 7 月第 2 版
印刷时间：2019 年 3 月第 7 次印刷
书　　号：ISBN 978－7－5505－0911－5
定　　价：23.80 元

我们是大自然的一分子，
珍爱大自然就是珍爱我们自己。
保护环境，人人有责。
爱护环境，从我做起。

地球是我们人类赖以生存的家园。以人类目前的认知,宇宙中只有我们生存的这颗星球上有生命存在,也只有在地球上,人类才能生存。自古以来,人类就凭借双手改造着自然。从上古时的大禹治水到今日的三峡工程,人类在为自己的生活环境而不断改造着自然的同时,也制造着环境问题,比如森林过度砍伐、大气污染、水土流失……

每个人都希望自己生活在一个舒适的环境中,而地球恰好为人类的生存提供了得天独厚的条件。然而,伴随着社会发展而来的,是各种反常的自然现象:从加利福尼亚的暴风雪到孟加拉平原的大洪水,从席卷地中海沿岸的高温热流到持续多年无法缓解的非洲草原大面积干旱,再到1998年我国肆虐的洪水。清水变成了浊浪,静静的流淌变成了怒不可遏的挣扎,孕育变成了肆虐,"母亲"变成了"暴君"。地球仿佛在发疟疾似的颤抖,人类对此却束手无策。"厄尔尼诺",这个挺新鲜的名词,像幽灵一样在世界徘徊。人类社会在它的缔造者面前,也变得光怪陆离,越来越难以驾驭了。

出版这套丛书就是为了使广大青少年读者能够全面、系统地认识我们人类已经或即将面对的各种环境污染问题,唤醒我们爱护环境、保护环境的心。让我们从一点一滴的环保行动做起,从这一刻开始,不因善小而不为,在以后的生活中多一分关注,多一分共同承担,用小行动保护大地球!

目录 CONTENTS

1　水来自哪里

2　无处不在的水

4　水资源短缺

10　消失的湖泊

14　维多利亚湖的危机

16　被垃圾覆盖的芝塔龙河

18　水利工程的影响

20　冰川消融

24　脆弱的地下水

34　亚洲河流的危机

36　水污染

48　"变色"的多瑙河

50　哭泣的蒂萨河

52　污染严重的恒河

54　工业废水从何而来

58　五大湖的环境危机

60　农业污水的产生

64　水土流失

70　生活污水如何处理

72　酸　雨

80　重获新生的泰晤士河

82　化学污染

84　水俣病与痛痛病

86　怎样处理污水

90　海洋污染

94　石油泄漏

98　墨西哥湾漏油事件

100　赤　潮

104　蓝　藻

106　水的自净能力

110　干涸的瀑布

112　节约用水

118　保护水环境

水来自哪里

我们的地球约有71%的表面积被水所覆盖,水构成了地表的主体部分。地球诞生之初,既没有河流,也没有海洋,更没有生命,它的表面是干燥的,大气层中也很少有水分。那么如今地球上浩瀚的海洋、奔腾不息的河流、大小不一的湖泊、高耸入云的万年冰雪、深藏地下的清泉以及天上不停变换形状的云朵,都是从哪儿来的呢?

众说纷纭的来源

关于地球上的水从何而来,目前有几十种不同的说法,这些说法虽然大相径庭,但也都有相当大的合理性。有人认为,在地球形成之初,大气中的氢、氧化合成了水,水蒸气逐步凝结并降落到地面就形成了河流、湖泊和海洋;也有人认为,形成地球的星云物质中本来就存在着水的成分,在地球亿万年的形成过程中,水在缓慢地形成。

水来自地球本身

这种观点认为,地球从原始星云凝聚成行星后,由于地球内部温度变化和重力作用,物质发生分异和对流,于是地球逐渐分化出不同的圈层,在分化过程中,氢、氧气体上浮到地表,再通过各种物理及化学作用生成水。

无处不在的水

我们生活在一个被水包围的世界里，水无处不在。我们呼吸的空气、吃的食物以及我们的身体中都充满了微小的水分子，而在我们生活的世界中，潺潺的小溪、奔腾的大江、浩渺的湖泊以及无际的大海更是充满了大量的水，水使我们的世界有了生命，也使我们的世界变得生生不息。

变化多端的水

随着温度的变化，水的状态也会发生变化。在标准状态下，当温度低于0℃，水就会变成固态，结成冰。这种情况在冬季最明显，当我们在室外放一盆水，过了一夜之后，水就会结成冰；当我们将它拿到温度高的室内时，它就会逐渐融化成水。当温度高于100℃时，水就会变成水蒸气。

△ 帆船

水的浮力

水具有浮力。在水边，我们经常会看到水面上漂浮着树叶或者杂草。人们利用水的浮力发明了船，这使得人们不再只停留在陆地上，还可以跨海涉水，到河流的对面和大海的彼岸。现在，船的种类各式各样，人们利用船只在河流和大海上进行各种活动。

水的压力

水有压力,压力的大小与水的深度有关。人不能直接下潜到深海里去,因为深海中有着很高的水压,可以将人压扁。当然,水压也可以被人们利用,比如人们将压力极高的水喷射出来,这时水就可以当作切割机,用来切开金属或石头。

我和环保

在一个足够长的时期里,地球上的水量是相对平衡的,全球范围的总蒸发量等于总降水量。然而,人类构筑水库,开凿运河、渠道,以及大量开发利用地下水等,改变了水的原来径流路线,引起水的分布和水的运动状况的变化,这些都已经引起了人们的重视。

不断转化的水

地球上的水广泛分布在江河湖海,以及大气、生物体、土壤和地层中。水以气态、液态和固态的形式在大气、海洋和陆地间不断地循环着:海洋表面的水蒸发到大气中形成水蒸气,一部分水蒸气进入陆地上空,在一定条件下形成雨雪等降水,这些降水到达地面后又转化为地下水和地表径流,地表径流最后又流向海洋,这个过程就构成水的动态循环。

🔺 水的动态循环

水资源短缺

水是生命之源，人类和许多动植物的生命活动都离不开水。虽然地球表面的大部分地方被水包围着，但能够真正被人类利用的水却很少，它们只存在于江河湖泊以及地下水中。所以，有人比喻说，在地球这个大水缸里我们可以利用的水只有一汤匙。

水资源概况

虽然地球表面积的70.8%被水所覆盖，但其中97.5%的水是咸水，无法直接饮用。在余下的2.5%的淡水中，绝大部分淡水是人类难以利用的两极冰盖、高山冰川和永冻地带的冰雪，还有一部分淡水埋藏于地下很深的地方，很难被开采出来。

▽ 冰川

稀缺的淡水

人类可以直接利用的淡水只有地下水、湖泊淡水和河床水，三者总和约占地球总水量的0.77%。除去不能开采的深层地下水，人类实际能够利用的水只占地球总水量的0.26%左右。目前，人类对淡水资源的需求量愈来愈大，地球的淡水资源越来越少。

▲ 地球上的淡水资源越来越少

淡水利用的困境

世界上的大江大河并不全都流到了人们需要它的地方，一些地区河网密布，水分过剩；一些地区却无河无湖，水分严重不足。比如美洲亚马孙河的径流量占南美洲总径流量的60%，但它没有流经人口密集的地区，其丰富的水资源无法被充分利用。

◀ 亚马孙河

淡水分布极为不均

地球上的淡水不仅非常有限，而且地区分布极不均衡，巴西、俄罗斯、加拿大、中国、美国等9个国家的淡水资源占了世界淡水资源总量的60%，而占世界人口总量40%的80多个国家水资源匮乏，其中近30个国家(非洲就占19个)为严重缺水国。

干旱地区

卡塔尔、科威特、利比亚、马耳他是世界上四大缺水国。预计到 2050 年，全世界将有 30 亿人缺水，主要集中在非洲和中东地区，印度、秘鲁、英国、波兰和我国的部分地区也会受到影响。

▲ 利比亚位于北非地中海南缘,撒哈拉沙漠北部,是一个典型的沙漠国家。

影响农业发展

水资源缺乏威胁农业发展。全球灌溉农业养活着 24 亿人口，差不多占世界人口的一半。农业用水约占全球淡水用量的 70%，在发展中国家甚至达到 90%。水资源短缺使得全球耕地面积逐年减少，危及粮食的供应。

▲ 非洲很多地方都严重缺水

缺水难民增加

世界很多地区的人们为了水不得不离开自己的土地。自 20 世纪 90 年代开始，全世界有 3/4 的农民和 1/5 的城市人口全年得不到足够的生活淡水。因缺水而背井离乡的人已超过因战争而背井离乡的人。预计到 2025 年，全球缺水难民将多达 1 亿人。

阻碍经济发展

　　没有足够的清洁饮用水，人们就无法摆脱贫困，更谈不上发展经济。在非洲撒哈拉沙漠地区、中东和中亚地区，水资源匮乏问题相当严重。索马里、乍得、尼日利亚、斯里兰卡、海地、哥伦比亚、哈萨克斯坦等地的贫困和社会困境也与水资源缺乏有关。

▲ 缺水严重影响人们的生活

我和环保

　　1993年1月18日，联合国大会通过决议，将每年的3月22日定为"世界水日"，用来开展广泛的宣传教育，提高公众对开发和保护水资源的认识。每次世界水日，都有一个特定的主题，2007年世界水日的主题是"应对水短缺"。

约旦河之争

　　中东地区气候干旱，水资源非常匮乏，这使得各国常因为水资源而发生争端。比如我们在新闻中常常会听到"约旦河"这个词，巴勒斯坦和以色列发生的冲突中，有许多次都是为了争夺约旦河。

▽ 约旦河

人工蓄水

为了更充分地利用仅有的淡水资源，人们通过各种形式进行人工调节，诸如修筑水库、运河、渠道、人工水道等。此外，还用垦地、栽树等方式把水渗透到土壤或地下储存起来，使地表水在一定期间内得到某种程度的再分配。

◀ 运河主要有两个用途：一是调节水利，灌溉农田；二是行驶船只，运输货物。

人工调水

在国外，最早的跨流域调水工程可以追溯到公元前2400年的古埃及，从尼罗河引水至埃塞俄比亚高原南部用以灌溉，在一定程度上促进了埃及文明的发展与繁荣。始建于2200多年前的我国都江堰引水工程——引水灌溉成都平原，成就了四川"天府之国"的美誉。

▲ 都江堰

淡化海水

因为淡水资源匮乏,人类将目光投向了浩瀚的海洋,许多国家都建立了海水淡化工厂。目前,全球淡化的海水80%用于饮用,解决了1亿多人的用水问题,即世界上 1/60 的人口靠海水淡化提供饮用水。

▶ 科威特现在有六座海水淡化工厂,所生产的淡水足够居民生活用水和工业用水。

水资源稀缺的中国

我国虽然江河纵横,湖泊众多,但由于分布不均和人口众多,水的人均占有量是世界人均占有量的1/4,居世界第88位。目前,在我国600多个城市中,有400多个城市供水不足,其中严重缺水的城市有110个。

消失的湖泊

在地球的七大洲之中,都广泛分布着大小不一的湖泊。这些湖泊如同地球的眼睛一样,日夜凝视着苍穹,守护着大地。然而,随着工业化的发展,世界各地的湖泊都在不断地发生着变化,有的甚至面临消失的危机。

湖泊的作用

水是生命的源泉,是人类赖以生存和从事各种经济活动和社会活动的重要物质基础。在各种水体中,湖泊为人们的生存发展提供了重要的保障。湖水可以用来灌溉农田、沟通航道、提供工农业用水和饮用水水源,还能繁衍水生物,生产水产品。

调节气候

湖泊可以调节湖区的气候,改善湖区的生态环境,提高环境质量。比如,我国的云南省湖泊众多,碧波荡漾,风光优美,景色宜人,使得当地的气候四季皆宜,成为得天独厚的旅游胜地。

🌀天然养殖场

　　湖泊对所在地的居民生活有着重要的意义。湖泊内生长着种类繁多的鱼、虾和螃蟹，是天然的鱼类养殖场，生长在湖泊周围的居民可以进行捕鱼作业，很多有湖泊的地区也被人们称为"鱼米之乡"。

▲ 中国最大的内陆湖——青海湖

🌀天然的水库

　　内陆湖泊多是靠降水补水的。在多雨的季节，由于降水较多，河道会季节性地涨水，这时与湖泊相连的河道就会将多余的水注入湖泊，减少河道的水位压力，起到泄洪的作用；在干旱的季节，降水减少，河道面临断流的危机，此时湖泊水就会流入河道，避免河道干涸，从而起到调节水位的作用。

▲ 湖泊在逐渐萎缩

湖泊退化的可怕现实

随着世界工业化和城镇化进程的不断加快，人类活动对湖泊的影响日益加剧，填湖造地和围湖养鱼，不但使湖泊的生态功能退化，也使湖泊的数量和面积锐减。以我国为例，自20世纪20年代以来，已经减少了约1 000个内陆湖泊，全国平均每年约有20个天然湖泊逐渐消亡。

我和环保

工业生活废水排放量加大，使得湖泊中藻类污染增加。这些废水中含有氮、磷和其他有害物质。湖泊中的藻类蔓延可以吸走水中的氧气，使鱼和湖泊中的生物无法生存，最终导致水中动植物资源衰退，破坏湖泊的生态多样性和湖水的自净循环。

"千湖之省"的变化

湖北省位于长江中游，因位于洞庭湖以北而得名，素有"千湖之省"的美誉。20世纪50年代，湖北省的大小湖泊有1 066个，总面积8 300平方千米；然而到2009年时，湖北省的湖泊数量减至843个，其中1平方千米以上的湖泊只有217个，数量比20世纪50年代减少了一小半。

"百湖之市" 的巨变

湖北省武汉市素有"百湖之市"之称,市内曾有数百个大小湖泊星罗棋布。但最新的数据显示,从新中国成立之初至今,武汉市已经有近100个湖泊人间"蒸发"。武汉市城区湖泊在 20 世纪 50 年代有 127 个,但目前仅有 38 个,而这 38 个湖泊也面临着继续"蒸发"的危险。

▲ 九省通衢之地——武汉

湖泊消退的原因

围湖造田是湖泊消退的首要原因。随着人口的增长,许多湖泊周围都出现了大面积围湖造田的现象,这使得湖泊面积锐减。此外,随着工业化和经济建设的发展,过度的工农业用水导致流入湖泊的水量减少,使得湖泊大量消退。

◀ 湖泊主要通过入湖河川径流、湖面降水和地下水而获得补给。

维多利亚湖的危机

维多利亚湖是非洲最大的湖泊，也是世界第二大淡水湖。维多利亚湖风光秀丽，湖中生长着多种鱼类，其中好几种鱼极具经济价值，这使得维多利亚湖成为非洲人口最稠密的地区之一，在湖畔生活着近 3 000 万的居民。然而，随着人口的增长和经济的发展，维多利亚湖的生态系统已逐渐恶化。

非洲大湖

维多利亚湖位于东非高原，介于东非大裂谷及其西支之间，该湖面积约 6.9 万平方千米，是非洲最大的湖泊，在世界淡水湖中，仅次于北美洲的苏必利尔湖而位居第二。19 世纪 60 年代，英国探险家调查尼罗河源头时发现该湖，就以英国女王维多利亚的名字来命名该湖。

我和环保

维多利亚湖位于东非三国肯尼亚、坦桑尼亚和乌干达之间，清理和污染防治特别难于谈判。由于没有强制性法规，居民在不时有污水排入的同一湖水中洗车，甚至洗澡。更糟的是，与水接触的人很可能在此罹患血吸虫病、霍乱、肺炎、腹泻和皮肤病等等。

▽ 维多利亚湖

▲ 维多利亚湖水产丰富,是非洲最大的淡水鱼产区。

水产丰富

维多利亚湖拥有着丰富的水产,是非洲最大的淡水鱼产区,尤其以罗非鱼闻名。维多利亚湖的四周分布着众多的渔村。在这里,人们依靠维多利亚湖丰富的水产资源世代繁衍,每当夜幕降临时,就能看到满载而归的渔民划着渔船纷纷回村。

生物入侵

维多利亚湖的生态系统在逐渐恶化。20世纪50年代,当地人为增加湖区渔业的产出,将尼罗河鲈鱼引入湖中。尼罗河鲈鱼这种食肉性鱼类将维多利亚湖中吃藻类的鱼消灭干净,使得湖中的水藻开始疯长;它以几十种小鱼为食,使其中的几种小鱼已经灭绝,这给当地的生态带来了重大灾难。

"绿色污染"

水葫芦原产于美洲热带,后来被引进至维多利亚湖中。水葫芦聚集而生,繁殖能力很强,在短时间内就能覆盖整个湖面,使得水中其他植物不能进行光合作用。水中的动物因没有得到充分的空气与食物,不能维持水中的生态平衡,从而导致维多利亚湖生态紊乱。

▲ 水葫芦

被垃圾覆盖的芝塔龙河

芝塔龙河是印度尼西亚西爪哇省最大的河流,它曾是一条风光迷人的清澈河流,在河两岸,椰树成林,竹房林立,颇具乡村渔港的风情。然而,从20世纪80年代开始,芝塔龙河两岸的工业迅速发展,上百家工厂将工业废料倾入河中,使得曾经碧波荡漾的芝塔龙河变成如今臭气熏天的垃圾河。

昔日碧波荡漾

芝塔龙河发源于印度尼西亚的万隆以南山区,在雅加达附近穿流而过。在20世纪80年代以前,芝塔龙河碧波荡漾、鸟飞鱼跃,两岸碧草繁茂,附近的居民傍水而居,靠在芝塔龙河中打鱼而生。这里和所有的水乡渔村一样,环境优美。

△ 雅加达是印度尼西亚的首都和最大的城市,位于爪哇岛的西北海岸。

遭受污染

从 20 世纪 80 年代开始，芝塔龙河沿岸地区工业发展迅速，在 200 多千米长的河岸上密集分布着 500 多家工厂，其中许多是产生大量化工废料的纺织厂。随着工厂的建立和当地居民的不断增加，加之当地没有垃圾回收站，大量的工业和生活垃圾被排入河中，使得芝塔龙河成为世界上最肮脏的河流之一。

▲ 遭受污染的芝塔龙河

我和环保

芝塔龙河是西爪哇省最大的水电站的重要河流，这座水电站是印度尼西亚的主要电力来源。专家分析认为，芝塔龙河被垃圾堵塞，其水流量将减少，进而会影响水电站的正常运转。这也意味着，印度尼西亚部分地区可能因此面临电力供应不足的困境。

污染惨状

遭受污染的芝塔龙河已成为一条名副其实的垃圾河，河面上漂着一层厚厚的工业垃圾和生活垃圾，两岸的居民再也无法从河中捕鱼。无奈之下，他们转而从垃圾河中捡拾废品。拾荒者在堆满垃圾的河道中艰难地前行，将河中的废品捡拾上来。

产生影响

芝塔龙河曾是印度尼西亚重要的灌溉河流，受益的农田达到 2 400 平方千米，但在河水污染后，有害物质可能会被植物吸收，从而危害人们的身体健康。同时，被污染的河水还会损害长期以此作为饮用水并在河中洗涤衣物的沿岸居民的健康。

水利工程的影响

随着经济的发展，人类对水力资源的开发利用强度越来越大，速度越来越快。现代水利工程除了灌溉、发电之外，还具有防洪、调水、发展渔业等多种功能。然而，大型的水利工程也会给当地的自然环境带来不利的影响。

对气候的影响

一般情况下，地区性气候状况受大气环流所控制，但修建大、中型水库及灌溉工程后，原先的陆地变成了水体或湿地，局部地表空气会变得较湿润，对局部小气候产生一定的影响，主要表现在降水、气温、风和雾等方面较之以前会有大的变化。

▽ 长江三峡大坝

我和环保

我国长江三峡大坝是世界第一大水电工程，于 1994 年动工修建，2006 年 5 月全线建成。三峡工程是迄今为止世界上综合效益最大的水利枢纽，在发挥巨大的防洪效益和航运效益外，还将为华东和广东输送电力，以缓解南方的用电紧张局面。

▲ 水库

改变降水量

修建水库形成了大面积蓄水，在阳光照射下水分蒸发量增加，从而导致当地降水量增加。我国南方的大型水库，由于夏季水面温度低于气温，气层稳定，大气对流减弱，所以导致降水量减少；但冬季水面较暖，大气对流作用增强，降水量又会增加。

▲ 水库泄洪的景象

对气温的影响

水库建成后，库区原先的陆地面变为水面，与空气间的能量交换方式和强度均发生变化。水是很好的储热体，水库在天气热的时候能吸收热量，冷的时候能放出热量，从而导致气温发生变化。

对水文的影响

水库的修建会改变下游河道的流量，从而对下游水域周围的环境造成影响。水库在上游存蓄了汛期的洪水，往往会导致下游天然湖泊因水源减少而干涸；使入海口因河水流量减少引起河口淤积，海水倒灌；使河流流量减少，河流自净能力降低等。

冰川消融

冰雪消融，在许多人心目中可能是一个春天即将来临的好迹象，但关注气候变化的科学家们不无忧虑地指出，全球变暖以及由此带来的冰川加速消融，正在对全人类以及其他物种的生存构成严重威胁。如果不及时采取措施，也许某一天地球真的会像电影中描绘的那样，变成"未来水世界"。

什么是冰川

在地球的南北两极和高山上分布着大量的冰川，这些冰川是地球上最大的淡水水库，约占全球淡水储量的69%。因为冰川能够在自身重力作用下沿着一定的地形向下滑动，如同缓慢流动的河流一样，所以起名叫冰川。

江河源头

冰川的变化受到地球气候变化的影响，同时它也反过来影响着周围的环境。位于中纬度地区的山地冰川就像一座座水塔，哺育着众多的大江大河。冰川，从某种意义上说就是江河之源。

▲ 逐渐消融的冰川

快速消融

近几十年来，由于气候变暖，全球冰川正以惊人的速度消融。2005 年一年，世界冰川的平均厚度减少了 0.5 米，而 2006 年一年，这个数字就变成了 1.5 米。这表明冰川消融的速度正在不断加快。

▲ 融化的冰川

全球升温

按照目前的消融速度，2100 年，两极地区的海上浮冰预计将比现在减少 1/4。届时，北冰洋在暖季可能连一块冰都没有。浮冰的减少会降低这些海域对阳光的反射能力，海水吸收的热量就会增加，这样又进一步加快了全球变暖的速度。

▲ 格陵兰岛

海水上涨

南极洲和格陵兰岛拥有全球98% ~ 99%的淡水冰。如果格陵兰岛冰盖全部融化，全球海平面预计将上升7米。即使格陵兰岛冰盖只融化20%，南极洲冰盖融化5%，海平面也将上升4 ~ 5米。

我和环保

延缓冰川消融，遏制全球气候变暖，我们能够做什么呢？我们能做的有很多，比如在日常生活中合理使用电器、使用节能电器、随手关灯、出门前3分钟关掉空调、每天减少3分钟的冰箱开启时间、电器关闭后及时拔掉插头、尽量选择乘坐公共交通工具、用手帕代替纸巾、积极参加植树活动等。

▲ 逐渐消融的冰山

催生"万年病毒"

随着全球升温，一直"沉睡"于南北两极冰川冰层的"万年病毒"将会随着消融的冰水在温暖的环境中重新被激活，犹如神话中的潘多拉魔盒被慢慢开启，人类将面临同远古病毒作战的威胁。

淹没城市

冰川消融会导致海平面上升,海水会淹没沿岸大片地区,荷兰、英国等几十个低洼国家将不复存在。根据世界上现有的人口规模及分布状况,如果海平面上升1米,全球就将有1.45亿人的家园被海水吞没。

▲ 若冰川消融,英国的伦敦塔桥将被海水淹没。

灾害不断

因为世界上数十亿人口饮用冰川融水,依靠冰川水灌溉、发电,所以冰川过度消融会给这些人带来淡水危机。冰川消融还会给局部地区带来洪水、干旱等自然灾害。一些动植物的生活环境会遭到破坏,人类生存环境也会受到威胁,水源稀缺的地区甚至会爆发争水冲突。

▼ 冰川消融也使极地地区的动物失去了生活栖息地

行动起来

地球上的冰川正以前所未有的速度在消失,这已向人类敲响了警钟。2007年世界环境日(6月5日)的主题为"冰川消融,后果堪忧"。行动起来吧,减少二氧化碳和其他温室气体的排放,尊重科学,尊重自然规律,保护环境,因为拯救冰川就是拯救我们人类自己!

脆弱的地下水

意大利的比萨斜塔是世界建筑史上的奇迹,也是闻名遐迩的旅游景点,它的著名就在于它的斜而不倒。现在,地球上的许多地方都出现了"类似"的建筑物,这是城市地面沉降的危险信号,而人类过分抽取地下水则是"罪魁祸首"。

过度的开采

地下水是水资源的重要组成部分,由于水量稳定,水质好,所以它是农业灌溉、工矿和城市的重要水源之一。我国地下水资源约占水资源总量的 1/3。随着社会经济的发展,人们对地下水的开采量也逐年增加。

◀ 地下水是农业灌溉、工矿和城市的重要水源之一。但过度开采地下水,会引起沼泽化、盐渍化、滑坡、地面沉降等现象。

▲ 不断排入水中的污水

存量不多的地下水

　　地下水资源毕竟是十分有限的，任意地过度抽取地下水，会带来一系列严重后果。当地下水的抽取量远远大于它的自然补给量时，就会造成地下含水层衰竭、地面沉降以及海水入侵、地下水被污染等恶果。

地面沉降

　　因为长期超采地下水，我国长江以南的许多地区都出现了地面沉降的现象，其中上海市是我国发生地面沉降现象最早、影响最大、危害最严重的城市。其他发生地面沉降且灾害影响显著的城市约有50座，其中西安、北京、天津、南京、无锡、宁波、大同、台北等最为严重。

歪斜的大雁塔

　　陕西省西安市是我国著名的历史文化名城，由于地面沉陷，西安市著名的景点大雁塔向西北方向发生了倾斜。到1996年，大雁塔的倾斜达到了历史的最高值1010毫米，经过各级部门近10年的抢救，大雁塔倾斜的势头得到了遏止，但现在的倾斜幅度依然超过了1米。

▶ 大雁塔

地面沉降的危害

地面沉降的主要危害是导致地面海拔高度降低，城市中的建筑物会倾斜或下陷，地下设施和地下管道都会失去作用，沿海城市对风暴潮的抵抗能力减弱。此外，沿海城市如果没有相应的保护措施而盲目地大量开采地下水，有朝一日会下沉到海平面以下，被海水淹没。

◀ 泰国曼谷下沉的速度很快

我和环保

目前世界上已有 50 多个国家和地区发生了不同程度的地面沉降，意大利的威尼斯在过去 300 年间下沉了 0.3 米。美国的新奥尔良自 1878 年以来下沉了 4.5 米，是美国下沉速度最快的城市。泰国的曼谷也在以每年 5 厘米的速度下沉，预计到 2050 年，曼谷将下沉至海平面以下。

墨西哥城的隐忧

如果拥有 1 800 万人口的墨西哥城将地下水抽干，破坏含水层，这个世界上最大的都市将陷入地下。世界文化遗产基金会已经把墨西哥城纳入"濒危城市"之列。这个巨大的城市在过去 100 年中已下沉了 9.14 米，某些地区的下沉速度已经达到每年 38 厘米。

▽ 墨西哥城

▲ 地面塌陷

地面塌陷

超采地下水造成的地面不均匀沉降,还会引发地裂缝和地面塌陷。河北平原已发现地面裂缝100多条,地裂缝长几米至几百米、宽0.05～0.4米、深可达9米多。秦皇岛、杭州、昆明、贵阳、武汉等城市,都有地面塌陷的情况发生。

▲ 昆明鸟瞰图

地面塌陷的危害

秦皇岛市地面塌陷面积达34万平方米,出现塌陷坑286个,塌陷坑的最大直径达12米、坑深7.8米。地裂缝和地面塌陷使建筑物地基下沉、墙壁开裂、公路坏损、农田被毁,严重影响了工农业生产与居民生活,并造成了很大的经济损失。

沿海地区海水入侵

在我国沿海地区，因为过度开采地下水，使地下水水位急剧下降，导致海水入侵，从而造成地下水水质恶化，耕地盐渍化。大连、秦皇岛、烟台、青岛以及江苏省的一些沿海城市和地区都发生了海水入侵现象，入侵总面积达150平方千米。

▲ 青岛

海水入侵的危害

海水入侵使地下水不同程度地咸化，造成当地群众饮水困难；土地发生盐渍化，多数农田减产20%～40%，严重的达到50%～60%，非常严重的达到80%，个别地方甚至绝产。

◀ 海水入侵

淡水　海水

▲ 地面塌陷

引起土地沙化

在干旱与半干旱地区每年的春、秋、冬季,大量开采地下水,使地下水水位持续大幅度地下降,地表植被生长困难,加剧了土地的沙化。地下水水位的下降使得补给地下水的河水需要量加大,从而加速河流的干涸,造成河床及其两岸的土地沙化。

岌岌可危的绿洲和草原

在新疆,由于超采地下水,天山北坡和吐哈盆地绿洲边缘植被严重退化,一些片状的沙漠开始合拢。我国第二大优质天然草场——库鲁斯台草原的植被出现了荒漠化的趋势。新疆塔里木河下游、内蒙古阿拉善地区的沙漠化也主要是水资源的不合理开发利用造成的。

▲ 新疆草原

损害文物

专家介绍，缺水导致的沙漠化加剧了敦煌莫高窟等文物保护的难度。在莫高窟现存的 492 个洞窟中，已有一半以上的壁画和彩塑出现了起甲、空鼓、变色、酥碱、脱落等。

▲ 地下水下降导致壁画褪色

无水的"泉城"

2002 年 3 月，著名的趵突泉停喷了，这是继 1981 年趵突泉、黑虎泉等四大泉群停喷以来的第二次停喷，济南市又一次遭遇了"泉城无泉"的尴尬。1981 年时，济南市的水源绝大部分为地下水，由于地下水开采过度，泉水停喷，趵突泉泉池出现了龟裂。

▽ 济南·趵突泉

紧急行动

　　趵突泉、黑虎泉等四大泉群遭遇首次干涸后，济南人民开始了坚持不懈的保泉行动，使济南市地下水和地表水的供水比例由过去的7：3变为了4：6，泉水开始喷涌。2002年的再次停喷使"泉城"人民再次投入到一场声势浩大的封井保泉行动中，终于，泉水又恢复了往日的生机。

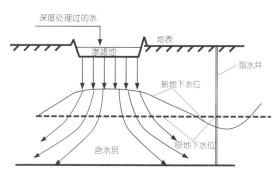

▲ 利用城市污水进行人工回灌示意图

"重生"的月牙泉

　　自20世纪70年代中期，敦煌地区垦荒造田，抽水灌溉及周边植被破坏、水土流失，导致敦煌地下水水位急剧下降，有"沙漠第一泉"之称的月牙泉水位也急剧下降，甚至面临干涸的危险。从2000年开始，敦煌市采取应急措施，在月牙泉周边回灌河水补充月牙泉泉水，使月牙泉水位不断回升。

人工补水

　　防止地面沉降最有效的方法是人工补给地下水。在这方面，我国上海市走在了世界的前列。上海市自从采取人工回灌以来，地面下沉的趋势减缓了许多。补给地下水能延缓地面沉降的速度，甚至能使地面有某些回升，但还是不能恢复到原来的状态。

▲ 敦煌·月牙泉

△ 被污染的河流

地下水污染

地下水不但遭到过度开采，而且其水质也受到了污染。随着经济的发展，工业废水、生活污水的排放量逐年增大。绝大部分未经处理的废水和污水直接排入河道、流入水库、渗入地下，不仅污染了浅层地下水，也污染了中层和深层的地下水。

我和环保

我国地下水污染面积不断扩大，污染程度不断加重。我国约有64%的城市地下水遭受严重污染，33%的城市地下水受到轻度污染，地下水基本清洁的城市只有3%。专家们在北京、天津、河北等地的地下水中已经化验出100多种污染物，其中不少是致癌、致畸和致突变的物质。

▶ 水面漂浮的垃圾

不当的垃圾掩埋

有些垃圾填埋场没有做防渗处理，而是直接混合掩埋，生活垃圾与工业垃圾、危险废弃物全部就地掩埋。这些垃圾里的有毒有害物质借助雨水的作用，逐渐渗透到地下水中，造成地下水被污染。

潜藏的危害

超采地下水造成的危害不像洪灾那样明显，地面沉降、岩溶塌陷、海水入侵、土地沙化以及地下水被污染的过程缓慢而不易觉察。然而，这些危害一旦形成，将难以逆转，治理与恢复都十分困难，要花费几十年甚至上百年的时间。

▲ 水库

保护地下水

地下水污染后再治理是很难的。预防是保护地下水资源的最有效措施，也几乎是唯一措施。预防的主要措施有计划开采、分配使用地下水，严格执行奖罚制度，厉行节约用水，实行限额用水，提倡一水多用，循环用水，同时兴建地下水库，实行人工回灌地下水等。

美国的做法

美国为保护地下水资源采取了许多具体的措施。比如，他们要求水井必须离开化粪池系统、动物饲养场和地下储物罐等污染源一定距离，水井的主人必须在井口周围设一个半径约15米的清洁区，保证所有有害物质远离水井等。

亚洲河流的危机

亚洲地域广袤,地形结构独特,气候复杂,河流的分布也独具特色。然而,在进入 20 世纪以后,亚洲的一些著名河流已经因为当地一味地发展经济而遭受严重的破坏,水体污染严重,大量淡水生物灭绝。当地面临水资源短缺的危机。

怒江生态破坏

怒江发源于我国西藏自治区,流经缅甸和泰国。由于怒江水力资源丰富,所以其上游建有多个水电站。上游的水电站致使下游水量减少,鱼类数量锐减。更为严重的是,在怒江上游沿岸有很多金属冶炼厂,这些冶炼厂随意排放污染物,使怒江受到重金属污染,河流生态遭到严重破坏。

长江生态危机

长江流域是我国经济发展水平和城镇化水平较高的地区之一。在长江沿岸分布着许多工业和人口比较密集的城市,目前,长江干流 60% 的水体都已受到不同程度的污染,工矿企业废水和城镇生活污水是长江的主要污染源,长江部分支流的污染和流域内湖泊的富营养化问题已非常突出。

△ 长江,亚洲第一大河,其流域面积、长度、水量均为亚洲第一。

▲ 印度河

污染成灾的恒河

恒河是印度繁荣和文明的象征，然而，恒河的污染情况已达灾难性的程度。城市中每天有上亿吨的污水不断流入恒河。印度教徒将恒河视为圣河，很多人都将恒河作为自己的葬身之地，因此恒河上常有漂浮的尸体，这些更加重了恒河的污染。

危在旦夕的印度河

印度河曾经哺育出了著名的印度文明，但进入20世纪后，因引进外资发展经济，许多外国大型化工厂在印度河流域建厂，这些工厂将含有化学药品残渣的废水大量排放进印度河，造成印度河严重污染。调查发现，印度河中的微量元素已严重超标，印度河已成为一条令人恐惧的"药河"。

我和环保

湄公河是一条跨越6个国家的长河，在湄公河的上游修有多处水电站，在中下游也修有水电站，这些水电站的修建，在一定程度上威胁着湄公河流域鱼类的生存，加上沿岸渔民的过度捕捞，湄公河的渔业资源也岌岌可危。

▽ 恒河

水污染

浩渺无垠的海洋、奔腾不息的河川、明珠璀璨的湖泊、银装素裹的冰川和甘醇甜美的清泉等,它们共同组成了地球上丰富多彩的水环境。然而,这些美丽的水体正在经受着污染的威胁,尤其是和人们息息相关的河川和湖泊,正逐渐失去往日的风采。

废水的分类

废水有不同的分类方法。根据来源不同可分为生活污水和工业废水两大类,根据污染物的化学类别不同可分为无机废水和有机废水,根据工业部门或产生废水的生产工艺不同可分为焦化废水、冶金废水、制药废水、食品废水等。

▲ 污浊的河水

水体污染

水体可分为地面水体(如江河、湖泊、海洋、水库等)和地下水体(如井、泉等)。水体污染主要来自生活污水和工业废水。常见的污染水体的物质有无机物质、无机有毒物质、有机有毒物质、需氧污染物质、植物营养物质、放射性物质、油类与冷却水以及病原微生物等。

▲ 漂满垃圾的池塘

地表水污染

　　地表水污染是指人们直接或间接地把有害物质引入河流、湖泊、水库、海洋等水域，从而污染水体和底泥，使其性质、生物组成及底泥状况恶化，降低了水体的使用价值。很多人有一个错误的认知，即进入水体污染物的数量超过水体自净能力，水质变劣，影响到水体用途才算是水污染。

▲ 满是油污的河水

地下水污染

　　简单来说，凡是在人类活动影响下，使地下水水质恶化的现象，都可以称为地下水污染，而不论其是否影响使用。

▲ 随意丢弃的垃圾

水污染的污染源

水污染主要是由人类活动产生的污染物造成的。水污染的污染源包括工业污染源、农业污染源和生活污染源三大部分。污染物主要有：（1）未经处理而排放的工业废水；（2）未经处理而排放的生活污水；（3）大量使用化肥、农药、除草剂而产生的农业污水；（4）堆放在河边的工业废弃物和生活垃圾；等等。

什么是污染

水是自然环境的重要组成部分，也是人体的重要组成成分。未经处理或处理不当的生活污水和工业废水排入水体，数量超过水体自净能力时就会造成水污染。每个人都可能是水污染的制造者，也可能是水污染的受害者。

▲ 污染的池塘

水污染的划分

水污染有两类：一类是自然污染；另一类是人为污染。人为污染对水体的污染更大。根据污染的杂质不同水污染还可分为化学性污染、物理性污染和生物性污染三大类。

水中污染物

水污染主要是由人类活动产生的各种污染物造成的,污染物的种类很多,主要包括未经处理而排放的工业废水和生活污水,大量使用化肥、农药、除草剂而产生的农业污水,矿山污水,堆放在河边的工业废弃物和生活垃圾。此外,水土流失也能造成水污染。

我和环保

历史上流行的瘟疫,有的就是以水为媒介传播的。如 1848 年和 1854 年英国发生的两次霍乱,死亡万余人;1892 年德国汉堡发生的霍乱,死亡 750 余人,都是由于水污染引起的。

▲ 正在排放污水的水管

▲ 被污水浸泡过的泥土

可怕的工业污染源

工业企业遍布全国各地,不少工业产品在使用中又会产生新的污染,因而工业废水是水域的重要污染源,它具有水量大、污染面积广、成分复杂、毒性大、不易净化、难以处理等特点。

被忽视的农业污染源

农业污染源包括牲畜粪便、农药、化肥等。农业污水中不仅农药、化肥含量高,有机质、植物营养物及病原微生物含量也很高。

▲ 农药和化肥污染是农业污染源的重要方面

生活污染源

生活污染源主要是城市生活中使用的各种洗涤剂和污水、垃圾、粪便等,多数是无毒的无机盐。生活污水中含氮、磷、硫多,致病细菌多,而90%以上的生活污水未经处理就排入了水域,从而造成水污染。

◄ 不断排入河中的污水

▲ 测试水质

传播疾病

生活污水，畜禽饲养场排放的污水，制革、洗毛、屠宰业排放的污水，以及医院等排出的废水中常含有各种病原体，如病毒、病菌、寄生虫等。水体受到病原体的污染会传播疾病，如血吸虫病、霍乱、伤寒、痢疾、病毒性肝炎等。

放射性物质污染

放射性物质污染是放射性物质进入水体后造成的。这些放射性物质可以附着在生物体表面，也可以进入生物体体内并蓄积起来，还可以通过食物链对人体产生危害。

污染物的源头

放射性物质主要来源于核动力工厂排出的冷却水，向海洋排放的放射性废物，核爆炸降落到水体的散落物，核动力船舶事故泄漏的核燃料。开采、提炼和使用放射性物质时处理不当，也会造成放射性污染。

▲ 核电站

△ 被污染的后湖水

◎水土流失带来的污染

　　我国是世界上水土流失最严重的国家之一,水土流失将大量残留在土壤中的农药、化肥带入江河湖海,随之流失的还有氮、磷、钾等营养元素,这些营养元素使2/3的湖泊受到不同程度富营养化污染的危害,从而使水质恶化。

◎水体富营养化

　　富营养化是指由于水中营养盐类(如氮、磷、钾等元素和有机物质)增多,引起藻类大量繁殖,最终导致水质恶化,生态平衡遭到破坏的现象。

　　◀ 赤潮是海洋灾害的一种,它是指海洋水体中某些微小的浮游植物、原生动物或细菌,在一定的条件下突发性增殖和聚集,引发一定范围和一段时间内水体变色的现象。

影响工农业生产

　　污水对运输和工业生产危害也很大。污水能严重腐蚀船只、桥梁、工业设备，增加工业生产的投入，降低工业产品的质量。污水还污染了农田和农作物，使农业减产，农作物品质降低，甚至使人畜受害，农田遭受污染后土壤的质量会降低。

▲ 满是垃圾的小河

我和环保

　　日趋加剧的水污染已经对我们的生存安全构成了重大威胁。全世界每年至少有 1 500 万人死于水污染引起的疾病，仅痢疾每年就夺走近 500 万儿童的生命；每年有 10 亿人因沼泽污水而传染疟疾，其中有 270 万人死亡，非洲儿童占 100 万。

破坏生态环境

　　污水中的有机物能消耗水中的氧气，致使需要氧气的微生物死亡。这些需氧微生物能够分解有机质，维持着河流、小溪的自我净化能力。微生物的死亡会使河水、溪流和湖泊发黑、变臭，给渔业带来巨大的灾难。

▶ 污水给渔业带来巨大的灾难

自来水污染

自来水的输水管、高楼的水箱、水塔等经过长年累月的工作，不可避免地会发生腐蚀，管内会结垢、出现沉积物、微生物繁殖等，如果不及时更换和清理，沉积物越来越多，会滋生细菌、病毒等，这样自来水就会遭到污染。

河流的污染

地球上有无数大大小小的河流，有的长达五六千千米，有的只有几千米长。河流是地球上重要的淡水资源，然而，人类的活动将大量的工业、农业和生活的废弃物直接或间接地排入河流中，使河流受到污染。

▲ 自来水

河流污染的特征

河流的径流量会影响河流的污染程度，径流量大，污染就轻，反之就重。河流中的污染物扩散快，上游遭受的污染会很快影响到下游。因为河流是主要的饮用水源，河流污染后，人类通过饮水、食物和农田灌溉而危及自身。

▲ 径流量大的河流，污染后影响也大。

我和环保

目前，世界上仅存两条健康的河流，即南美洲的亚马孙河和非洲的刚果河。这是因为亚马孙河流量最大、流域面积最广，沿岸的居民聚集地和工厂很少，而刚果河周围地区也没有大规模的工业中心。

污染面广

由于国际河流流经的国家多，一旦出现污染，河流沿岸的国家都会受到危害。比如欧洲大河多瑙河沿岸的某个国家曾经不慎把剧毒污水排入多瑙河，这些污水随着河流流到其他国家，引起了沿岸国家的恐慌。

▲ 多瑙河是欧洲第二大河，也是欧洲极为重要的一条国际河道，流经德国、奥地利、斯洛伐克、匈牙利、克罗地亚、塞尔维亚、罗马尼亚、保加利亚、乌克兰等9个中欧及东欧国家。

湖泊面临的威胁

湖泊是地球上水资源的重要组成部分，随着社会的发展和人口的增加，人类过度利用水资源导致了湖泊萎缩、干涸，向湖泊中大量排放的污水、污物使湖水富营养化，这些都大大缩短了湖泊的寿命。

严峻的污染形势

目前我国已经有70%的湖泊受到了污染，75%的湖泊出现了不同程度的富营养化。我国主要的淡水湖泊中，污染程度最重的是滇池，其次是巢湖、南四湖、洪泽湖、太湖、洞庭湖、镜泊湖、博斯腾湖、兴凯湖和洱海。

▼ 洱海

太湖蓝藻事件

美丽的太湖一直是无锡人的骄傲，千百年来，太湖一直滋养着沿岸的人们，太湖流域更有"鱼米之乡"的美誉。然而，自从20世纪90年代以来，太湖每年都会暴发蓝藻事件，2007年更是达到了极致，无锡市遭遇了一场严重的用水危机。这都是人们向太湖排入污水造成的。

▲ 蓝藻

▷ 太湖

湖泊卫士——水草

水草和藻类是湖泊中的两类主要植物,它们相生相克,若其中一类吸收氮、磷等营养物质多,另一类吸收得就少,生长繁殖就会受到抑制。所以,如果水中水草丰茂,藻类就不会大量繁殖,从而保持水质良好。

▲ 水草一般是指可以生长在水中的草本植物

我和环保

我国有1/4的人口都在饮用不符合卫生标准的水。国际卫生组织研究表明,健康用水最为有效的办法是在水龙头上加装一个水质净化器,这样你就可以喝到相对健康的水。

保护有限的水资源

保护水资源首先要加强对饮用水源的保护,禁止在水源地发展污染严重的产业,以此来减少污染物的排放。同时要加强对城市污水和工业废水的处理,我们每个公民都要增强环保意识,只有这样,我们才能保护住有限的水资源。

"变色"的多瑙河

多瑙河是欧洲第二长河，流经 9 个国家，是世界上流经国家最多的河流。在多瑙河河畔有许多著名的城市，很多欧洲文化艺术名人都曾在这些城市生活过，并在自己的作品中赞美过多瑙河。然而，这条欧洲著名的长河在 20 世纪之后，也开始遭受严重的污染。

多变的多瑙河

多瑙河的颜色在一年之中会发生多次变化，有人曾做过统计，它的河水在一年中要变换 8 种颜色；6 天是棕色的，55 天是浊黄色的，38 天是浊绿色的，49 天是鲜绿色的，47 天是草绿色的，24 天是铁青色的，109 天是宝石绿色的，37 天是深绿色的。这种现象在世界河流中是绝无仅有的。

我和环保

多瑙河污染事件中最著名的当属匈牙利的"红色泥浆"事件。2010 年，该国一家公司将铝土矿加工后形成的有毒高碱性红色泥浆排放到多瑙河，几千千克的毒污泥进入多瑙河，使多瑙河遭受严重的污染。

▽ 绿波盈盈的多瑙河

哺育多国经济

多瑙河对其沿岸的9个国家有着重要的经济意义,这些国家充分利用多瑙河来发展水上货运、水力发电,供应工业、农业、渔业,以及保证居民用水。多瑙河的货物运输业非常发达,各国都在多瑙河沿岸修有港口,这些港口贯通了莱茵河,并可以通至北海。

▲ 蜿蜒的多瑙河

遍布河流的电站

多瑙河的干流和支流水量都非常丰富,因此蕴藏着丰富的水能资源。从20世纪20年代开始,德国开始在多瑙河上修建水电站,之后,多瑙河沿岸的很多国家都开始修建水电站,以充分利用多瑙河丰富的水能资源。

遭受污染

各国都竭力开发多瑙河的可用资源,这给多瑙河带来了一系列的污染问题。多瑙河沿岸的一些工厂将有毒的污水排入多瑙河,使颜色多变的多瑙河又增加了一种颜色——污染色。

哭泣的蒂萨河

蒂萨河发源于乌克兰，经乌克兰、匈牙利、南斯拉夫最后汇入欧洲著名的多瑙河。蒂萨河全长 1 400 多千米，两岸风景秀丽，河内有各种各样的动物和植物，但 20 世纪后期的污染事件让这条美丽的河流陷入死亡境地。

充满生机的河流

蒂萨河全长 1 400 多千米，流域平均海拔约 85 米，是典型的平原河流。蒂萨河河道弯曲，流量变化大，在河的两岸有许多运河和渠道，利于灌溉和航运。蒂萨河水产丰富，两岸居民依河而居，靠打鱼为生，生活富足。

▲ 蒂萨河

▲ 蒂萨河

矿业的发展

蒂萨河附近有座巴亚马雷城,这里因发现了储量丰富的金银矿而迅速发展起来。当地的金银矿矿主利用氰化物作为溶剂,从矿物中提炼金银。这种氰化物含有剧毒,对环境影响非常大,一旦流入水域就可能造成水生物大面积死亡。

污染事件暴发

2000年1月30日,由于天气转暖,附近的大量积雪开始融化,加上突发的大暴雨,大约2万吨含有大量锌、铅和铁等高浓度金属废料的污水倾泻到蒂萨河上游的一条支流瓦塞尔河中,污水顺流而下,直逼蒂萨河干流。大量剧毒物流入蒂萨河中,造成蒂萨河严重污染。

蒂萨河的惨状

污染事件发生后,蒂萨河几乎变成了一条死河,污水流经之处,几乎所有水生生物迅速死亡,河流两岸的鸟类、野猪、狐狸等陆地动物纷纷死亡,植物渐渐枯萎,整个蒂萨河河面漂满了死鱼以及其他动物的尸体,令人触目惊心。

▲ 蒂萨河污染造成大量鱼死亡

污染严重的恒河

恒河是印度北部的一条大河,它孕育了人类历史上著名的恒河文明,被印度人尊称为"圣河"和"印度的母亲"。虽然恒河在印度享有无与伦比的独特地位,但它却是印度乃至全世界污染严重的河流之一,其污染程度已引起人们的广泛关注。

"圣河"

恒河在印度有着浓厚的民俗和文化色彩。大多数的印度教徒都怀有到恒河中洗澡并饮用恒河"圣水"的夙愿。恒河哺育了两岸的人民,加上印度教徒虔诚的宗教信仰,恒河被视为"圣河"。人们时常能看到许多印度教徒在河中沐浴的身影。

▲ 印度恒河中的朝拜者

污染严重的"圣河"

印度政府曾公布的一份报告显示,每天约265亿升未经处理的脏水流入恒河。印度的污水处理程度较低,恒河沿岸城市的污水都被排到恒河里;沿岸工厂产生的废水以及火葬焚烧尸体产生的污染物也都被随意地排入恒河。这些加剧了恒河的污染。

我和环保

在印度教徒的眼里,恒河是净化女神的化身,恒河里的水就是地球上最为圣洁的水,只要经过它的洗浴,人的灵魂就能重生,身染重病的人也可以重获健康的生命。因此,每年都有众多的朝圣者虔诚而来,在恒河里沐浴。

▲ 印度教徒在恒河洗浴

恒河治污

印度人已经意识到了恒河污染的严重性,开始思考如何净化恒河。为了改变恒河污染严重的局面,印度成立了专门的基金会,该组织的成员专门在恒河岸边打捞河中的动物和人的尸骨;印度政府也制定了相关政策,开始限制使用造成水污染的化肥和农药。

▼ 恒河

工业废水从何而来

工业废水是工业生产过程中产生的废水和废液的总称。随着现代化大工业的发展，工业废水的排放量也与日俱增。工业废水是水污染的主要"凶手"，因为工业生产的多样性，所以工业废水的性质也纷繁复杂。

采矿产生的废水

各种金属矿、非金属矿、煤矿开采过程中产生的矿坑废水，主要含有各种矿物质悬浮物和金属离子。硫化矿床的废水中含有硫酸及酸性废水，有较大的污染性。选矿或洗煤的废水中含有大量的悬浮矿物粉末或金属离子。

🔽 铜矿开采后被污染的河流

冶炼金属产生的废水

炼铁、炼钢、轧钢等过程的冷却水及冲浇铸件、轧件的水污染性不大;洗涤水是污染物质最多的废水,如除尘、净化烟气的废水中常含大量的悬浮物,但经过沉淀后这些废水可以循环利用。酸性废水及含重金属离子的水有污染,不能循环利用。

▲ 钢铁冶炼

机械加工产生的废水

机械加工产生的废水中主要含有润滑油、树脂等杂质,加工各种金属制品所排出的废水中还含有各种金属离子,如铬、锌以及氰化物等,它们都有剧毒。电镀废水的污染面很广,且污染性大,是重点控制的工业废水之一。

石油工业产生的废水

石油工业产生的废水主要包括石油开采产生的废水、炼油产生的废水和石油化工产生的废水三个方面。这类废水主要是含油废水、含硫废水和含碱废水,并常夹带相当多的硫化物和酚等杂质。

▲ 石油工业产生的废水

化学工业产生的废水

化学工业包括有机化工和无机化工两大类。化工产品多种多样，成分复杂，因此制造化工产品而排出的废水也多种多样。这些废水多数有剧毒，不易净化，排放到水体中容易使水质恶化，对生物体危害也很大。

▲ 工厂排出的废水

造纸厂产生的废水

造纸工业使用木材、稻草、芦苇、破布等为原料，经高温高压蒸煮而分离出纤维素，制成纸浆。在生产过程中，最后排出原料中的非纤维素部分称为造纸黑液。造纸黑液中含有木质素、纤维素、挥发性有机酸等，有臭味，污染性很强。

纺织业产生的废水

纺织业产生的废水主要是原料蒸煮、漂洗、漂白、上浆等过程中产生的含天然杂质、脂肪以及淀粉等有机物的废水。印染废水中含有大量染料、淀粉、纤维素、木质素、洗涤剂等有机物以及碱、硫化物、各种盐类等无机物，污染性很强。

▲ 染料颜色鲜艳，污染却很厉害。

食品加工业产生的废水

　　食品加工企业所排出的废水都包含有机物和大量悬浮物。动物性食品加工企业排出的废水中还含有动物排泄物、血液、皮毛、油脂等，并可能含有病菌，因此耗氧量很高，比植物性食品加工企业排放的废水的污染性高得多。

▲ 废水污染

制革业产生的废水

　　这种废水主要包括皮毛和皮革经浸泡、脱毛、清理等加工过程排出的废水。这类废水中富含丹宁酸和铬盐，有很高的耗氧性，是污染性很强的工业废水之一。

◀ 污染性强的废水

五大湖的环境危机

五大湖是位于加拿大和美国交界处的五个大型的淡水湖泊,这里是世界上最大的淡水水域,有"北美地中海"之称。五大湖区有美国重要的工业城市,著名的汽车城底特律就位于五大湖附近。然而,工业飞速发展,给五大湖的环境带来了危机。

北美五大湖

五大湖是世界上最大的淡水水域,也是最大的淡水湖群。五大湖是100万年前的冰川活动的最终产物,它们按大小分别为苏必利尔湖、休伦湖、密歇根湖、伊利湖和安大略湖。其中,苏必利尔湖是世界上最大的淡水湖。

▼ 苏必利尔湖

我和环保

美国政府和加拿大政府在1972年签署了《五大湖区水质量协议》,要求降低磷的排入并设置了最高标准,也禁止在清洁剂中使用磷。这些补救措施的成效非常明显。今天,五大湖区的富营养化问题已经得到了控制。

工业重镇

五大湖区拥有广阔的森林和肥沃的土地，这使得当地的农业发展迅速。湖区附近还有大片煤田和铁、铜、石灰岩及其他矿床。这些丰富的资源再加上充足的水源，促使五大湖周围发展起了庞大的工业区和巨大的都市区。

△ 铁矿

△ 污染情况越来越严重的五大湖

工业带来的环境问题

五大湖区的工业种类众多，这里有美国著名的大型钢厂、铁矿场等重工业企业，也有与钢铁制造业相关的加工企业，著名的汽车城底特律也在这附近，美国众多的汽车都出自这里。长久地发展工业，使得五大湖区的污染情况越来越严重。

污染后的五大湖

到20世纪60年代，五大湖中污染最严重的伊利湖一度被宣布"死亡"。湖面充满蓝藻，水中生物因缺氧而大批死亡，湖岸被黏稠的青苔覆盖，藻类和死去的动物散发的恶臭让人无法忍受，鱼类也由于重金属污染而无法食用。

农业污水的产生

现代化农业发展以来，人类为了增加农产品的产量，提高农产品的质量，大量施用化学肥料、杀虫剂、杀菌剂、除草剂等化学药剂；牲畜饲养、农产品加工等生产规模越来越大，这些造成农业用水的污染日趋严重，生态平衡受到影响，甚至遭到破坏。

农药残留

　　农药是农业污染的主要方面。喷洒的农药及施用的化肥，一般只有少量附着或施用于农作物上，其余绝大部分残留在土壤中和飘浮在大气中，然后通过径流、降水进入地表水，造成水污染。

▲ 喷洒农药

农产品加工业产生的污水

水果、肉类、谷物和乳制品的加工等产生的污水是农业污水的另一个来源。在发达国家，农产品加工排放的污水量相当大，如美国食品工业每年排放污水约25亿吨，在各类污水中居第五位。

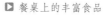
▶ 餐桌上的丰富食品

▲ 放羊

养殖场的污染

现在，我们餐桌上的肉产品越来越丰富，人们饲养的鸡、猪、牛、羊等动物的数量也大大增加了，大量的动物粪便直接排入饲养场附近的水体，造成水体污染。

水产养殖的污染

水产养殖是人工控制繁殖、培育鱼、虾、蟹、贝类、海带、紫菜等水生动植物的生产活动。水产养殖可以使人们获得更多的水产品，是全世界60亿人理想的蛋白质来源。但是，水产养殖业也正在对环境和野生鱼资源构成严重威胁。

▲ 水产养殖

沿海生态系统的破坏

红树林是最富生物多样化的海洋生态系统，具有防止水土流失、净化海水、预防病毒侵袭的作用。近年来，为发展滩涂养殖，人们常常砍伐红树林，这对海洋生态系统造成了严重危害。

▲ 红树林

影响野生鱼资源

▲ 捕鱼

由于人工养殖所需的饲料是由一些野生鱼制成的，因而大量尚在生长阶段的海鱼，尤其是凤尾鱼和鲭鱼被捕捞制成鱼粉。统计数字显示，目前全球捕鱼量中的8%成了养殖场的饲料。水产养殖业使世界范围内的野生鱼资源越来越少。

▲ 农业污水

影响巨大

农业污水中的氮、磷等营养元素进入河流、湖泊、内海等水域，可引起水域富营养化；农业污水中的农药、病原体和其他有毒物质能污染饮用水源，危害人体健康；农业污水还可造成大范围的土壤污染，破坏自然生态系统。

污染的特点

农业污染的特点是有机质、植物营养物及病原微生物含量高，而且化肥、农药含量高。它污染的水体面积广、比较分散、难于治理。

▲ 化肥

水土流失

为华夏文明做出过巨大贡献的黄土高原，今天在人们的心目中似乎已成为荒凉、贫困和落后的同义词，导致这一现象的原因就是水土流失。水土流失是自然界的一种现象。水的流动带走了地球表面的土壤，使得土地贫瘠、岩石裸露、植被破坏、生态恶化。

◎千沟万壑的黄土高原

黄土高原地区的水土流失面积达45万平方千米，占总面积的70.9%，是我国乃至全世界水土流失最严重的地区。而1500多年前的黄河中游也曾"临广泽而带清流"，森林茂密，群羊塞道。正是人类掠夺性的开发掠去了植被，带来了风沙，使黄土高原满目疮痍。

▼ 黄土高原上的小山村

▲ 水土流失造成的滑坡

水土流失产生的原因

地貌起伏不平、坡陡沟多、降水集中、多暴雨、地表土质疏松、植被稀少等是造成水土流失的自然原因,而人类毁林开荒、超载放牧、盲目扩大耕地、乱砍滥伐、破坏天然植被是造成水土流失的主要原因。

我和环保

我国水土流失的总面积已达356万平方千米,占国土总面积的37%,每年流失土壤50亿吨,毁掉耕地100多万亩,其中,长江流域每年土壤流失总量为24亿吨,黄河流域黄土高原每年进入黄河的泥沙也多达16亿吨。

黄河的变迁

黄河流域在公元前3000年~公元前2000年时,地理环境非常适合植物的生长和人类的生活,关中平原直到战国时期依然"山林川谷美,天才之力多"。后来,由于人口的增加,人们无限制地开垦放牧,使森林毁灭,草原破坏,黄土高原被黄河卷走大量土壤,形成千沟万壑的地表形态。

▲ 黄河瀑布

肆意开垦

每年,黄河流域被破坏的耕地达 550 万亩。更严重的是,水土流失使土壤的肥力显著下降,农作物大量减产。越是减产,人们就越开垦荒地,开垦荒地越多,水土流失就越严重。就这样,越垦越荒,越荒越垦。

▲ 河道上游的黄河

▲ 土壤流失

流失的土壤肥力

肥沃的土壤能够不断供应和调节植物正常生长所需要的水分、养分(如腐殖质、氮、磷、钾等)、空气和热量。每年流入长江和黄河的泥沙量共达 26 亿吨。其中含的有机肥料相当于 50 个年产量为 50 万吨的化肥厂的总量。

洞庭湖的危机

由于风沙太多,湖南省洞庭湖每年有超过 14 平方千米的沙洲露出水面。湖水面积由 1954 年的 3 915 平方千米缩减到 1978 年的 2 740 平方千米。更为严重的是,洞庭湖湖面已高出湖周陆地 3 米,这样,它就丧失了为长江分洪的作用。

▲ 洞庭湖

泥沙的危害

上游流域水土流失使得汇入河道的泥沙量增大,当挟带泥沙的河水流经中、下游河床、水库、河道,流速降低时,泥沙就逐渐沉降淤积,使得水库淤浅而容量减小,河道阻塞而通航里程缩短,这些严重影响了水利工程和航运事业。

▲ 黄河中游因河段流经黄土高原,支流带入大量泥沙,使黄河成为世界上含沙量最高的河流。

地上"悬河"

每年被输入黄河的泥沙量居世界之冠。黄河下游 400 千米长的河床,因大量泥沙的沉积,河底每年抬高 10 厘米,现在已成为一条河底高出周围地面的"悬河"。

▲ 黄河是仅次于长江的中国第二长河,也是世界第五长河。

引起多重灾害

水土流失会引发许多自然灾害。在高山深谷，能引起泥石流灾害，危及工矿、交通设施安全；在干旱和半干旱地区，会加剧气候干旱及土壤干旱。还有"悬河"，因为它全靠人工筑堤束水，每当洪水季节很容易溃堤泛滥，危害人民的生命和财产安全。

▲ 抢修泥石流摧毁的道路

灾害频发区

长江上游云南、贵州、四川、陕西、重庆和湖北等省市的43个县，是山洪、滑坡和泥石流等水土流失灾害发生最多、最频繁的地区。

▲ 黄土高原土质松散，土壤中富含氮、磷、钾等养分，干燥时坚如岩石，遇水则容易溶解。

影响水质

土壤中含有的氮、磷、钾等养分会随着水土流失而污染水源，引起湖泊的富营养化。仅黄河每年所携带泥沙中含氮、磷、钾等的养分就达数亿吨，而其中绝大部分来自黄土高原。

▲ 土地沙漠化

不断恶化的生态环境

20世纪30～60年代，人们认为水土流失仅仅会造成经济损失，但从60年代以后，人们开始认识到水土流失更能使生态环境恶化。土地退化，无法耕种，植物死亡，地表裸露，恶劣的生态环境还会导致气候变化，威胁人类的整个生存环境。

小流域治理

全国水土流失涉及近1000个县，主要分布在西北黄土高原、江南丘陵山地和北方土石山区。在水如油、土似金的黄土高原上，人们顽强地种草植树、修建梯田、挖水平沟、打窑蓄水，进行小流域综合治理，甚至还会提着水去灌溉土地。

▽ 梯田是在坡地上沿等高线分段建造的阶梯式农田，是治理坡耕地水土流失的有效措施，蓄水、保土、增产作用也十分显著。

生活污水如何处理

人们生活中产生的污水是水体的主要污染源之一。随着人们生活水平的提高，这些污水的排放量也逐年增加。污水横流的情景常常出现，又黑又臭的污水对环境的破坏是触目惊心的，生活污水的去向成了人们普遍关心的问题。

成分复杂的生活污水

生活污水中含有大量有机物质，如纤维素、淀粉、糖类、脂肪和蛋白质等；也含有病原菌、病毒和寄生虫卵等；还含有无机盐类，如氯化物、硫酸盐、磷酸盐、碳酸氢盐和钠、钾、钙、镁等元素。

危害巨大的生活污水

由于生活污水中含有大量的有机物质，将它们直接排放到天然水中会使水体富营养化，致使病菌、微生物、藻类大量繁殖，严重时水体会发黑发臭。生活污水严重影响着生态环境，生活污水中的细菌、病毒还容易使人染上各种疾病。

我和环保

洗衣粉是生活污水中的重要成员，洗衣粉中的磷会使江河里的水体富营养化，使水生浮游植物在短时间内大量繁殖，从而造成水质恶化。无磷洗衣粉的出现则减轻了生活污水对环境的污染，不过我们还是要尽量少用洗衣粉，以降低对水质的污染。

中水

对生活污水处理后得到的中水利用价值很高，它可以用作工业冷却水、市政和家庭清洁用水、城市绿化用水和湿地补充用水等。

◀ 中水用来洗车

▲ 污水处理站

 酸　雨

<big>酸</big>雨是随着大工业的兴起降落人间的。它主要是由大气中的二氧化硫、三氧化硫和氮氧化物与雨雪作用形成硫酸和硝酸,再随雨雪降落到地面的。现在,世界上很多地区的雨水含酸量要比 100 多年前未受污染的雨水含酸量高出几十倍、几百倍甚至几千倍。

酸雨是什么

我们所说的酸雨是指由于人类活动的影响,使得 pH 值小于 5.65 的酸性雨水。随着近现代工业化的发展,这样的雨水开始出现,并且逐年增多。它已经开始影响到人类赖以生存的环境以及人类自己了。

▽ 大气污染是形成酸雨的主要原因

🌀 最早的出现

1872年，英国科学家史密斯分析了伦敦市的雨水成分，发现它呈酸性，而农村的雨水酸性不大，郊区的雨水略呈酸性，于是史密斯首先在他的著作《空气和降雨：化学气候学的开端》中提出"酸雨"这一名词。

▲ 汽车尾气也是形成酸雨的一大原因

🌀 酸雨的产生

酸雨是人类在生产生活中燃烧煤炭排放出来的二氧化硫、燃烧石油以及汽车尾气排放出来的氮氧化物，经过一系列成云致雨的过程形成的。美国每年车辆排放的氮氧化物约占氮氧化物总量的 50%以上。我国的氮氧化物主要来自火力发电厂。

🌀 引起关注

1972年，瑞典政府在联合国人类环境会议上做了关于酸雨的报告。从此，更多的国家开始关注酸雨，研究的规模也在不断扩大。

烟尘作为废气排入大气

酸雨

酸性化的湖泊

▲ 酸雨形成示意图

"三大酸雨区"

目前,世界上已形成了"三大酸雨区",一是以德国、法国、英国等国家为中心,涉及大半个欧洲的北欧酸雨区;二是包括美国和加拿大在内的北美酸雨区;三是20世纪70年代中期开始形成的覆盖我国四川、广东、湖南、浙江、江苏和青岛等省市部分地区的酸雨区。

南极酸雨

令人震惊的是,南极也出现了酸雨,而且是比较强的酸雨。1998年4月,我国南极长城站曾先后8次观测到酸雨,长城站的铁质房屋和塔台被锈蚀得外层剥落,有的不得不进行更新,为了减缓腐蚀,每年要刷2~3次油漆。

损害植物

当酸雨降落到植物上,就会破坏植物叶子表面的蜡质保护层,干扰蒸腾作用和气体交换,并逐渐向植物叶子内部扩散,减弱其光合作用,降低植物种子的发芽率和产量,严重的甚至会使植物中毒死亡。

◀ 酸雨导致植物受损

破坏土壤结构

酸雨会毁灭土壤中的微生物,使有机物分解变慢,土壤板结,透气性差,从而影响植物的生长。酸雨还可以和土壤里的一些物质发生化学反应,如可以使土壤中的铝渗透出来,对生物产生毒害。土壤酸化后,原来土壤中的养分也会大大流失。

危害人们生命

根据科学家估计,因酸雨的危害,每年有 7 500 ~ 12 000 人的生命被夺走。北欧某些国家的婴儿因饮用酸化了的井水而腹泻不止,不少人还因酸雨得了眼疾、结肠癌以及其他一些疾病,老年人得了老年性痴呆症等。

▲ 被酸雨毁坏的土壤

▼ 酸雨使人们患上一些疾病

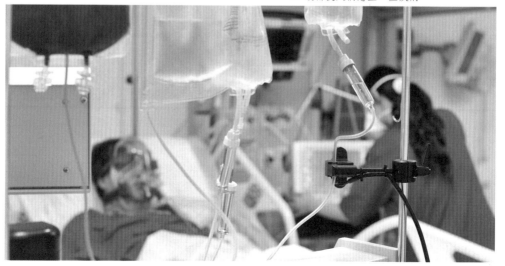

▲ 酸雨能使湖泊酸化,导致湖中生物逐渐死亡,最后变成"死亡湖"。

"死亡湖"频现

酸雨使许多原来生气勃勃的美丽湖泊变成了水里无鱼遨游、水面不见水禽飞翔的"死亡湖"。在瑞典的 85 000 个湖泊中,已有 4 000 个被酸化,而且水中的植物和鱼类被毁灭。加拿大安大略省的 4 000 多个湖泊全部被酸化,鱼类几乎绝迹。

▲ 酸雨使森林衰亡

危害森林

酸雨通过对植物叶、茎的淋洗直接伤害或通过土壤间接伤害树木,促使树木衰亡。酸雨还诱使病虫害暴发,造成树木大片死亡。欧洲每年排出 2 200 万吨硫,毁灭了大片树木。我国四川、广西等省区已有 1 000 多平方千米的树木因酸雨而濒临死亡。

▲ 乐山大佛

腐蚀建筑

酸雨对石料、木料、水泥等建筑材料有很强的腐蚀作用，世界上许多古建筑和石雕艺术品（如我国的乐山大佛）都遭到了酸雨的腐蚀破坏。酸雨还能直接危害电线、铁轨、桥梁和房屋。

受伤的泰姬陵

大理石含钙特别多，因此最怕酸雨腐蚀。世界著名的文化遗产——印度的泰姬陵由于大气污染和酸雨的腐蚀，大理石失去光泽，乳白色逐渐泛黄，有的变成了锈色。

▲ 泰姬陵

受损的自由女神像

酸雨同样也腐蚀金属文物古迹。著名的美国纽约港自由女神像，钢筋混凝土外包的薄铜片因酸雨腐蚀而变得疏松，一触即掉，因此不得不进行大修。

▽ 自由女神像

控制酸雨

控制酸雨的根本措施是减少二氧化硫和氮氧化物的排放量。世界上酸雨最严重的欧洲和北美洲的许多国家都已经采取了积极的对策，如优先使用低硫燃料，改进燃煤技术，开发太阳能、风能等。

▲ 风能

净化汽车尾气

应用甲醇、液化气等干净的燃料代替汽油，给汽车安装尾气净化器，都能降低汽车尾气中氮气的排放量。此外，电动汽车的诞生也减少了空气中氮氧化物的含量，达到防止酸雨的目的。

酸雾的产生

酸雾是雾在形成过程中与酸性气体经过碰撞、吸收、溶解、氧化而形成的。这些酸性气体包括二氧化硫、硫酸、硝酸、盐酸等。酸雾常常具有强烈的腐蚀性和强烈的刺激性气味。

△ 人类如果经常吸入酸雾，就容易得各种疾病；植物如果经常在酸雾中，就会因吸入氧化硫等气体过多而枯死。

酸性强烈

酸雾具有强烈的酸性，有时它的酸度是酸雨的几十倍。原因是雾在靠近地表的大气层中形成，而该气层中空气污染最严重，雾滴含水比雨滴少得多，所以不能像雨滴那样对酸稀释。

△ 被酸雨腐蚀的石雕

什么是酸雾净化塔

酸雾净化塔是一种设备，它可以将酸性气体吸入塔内，然后经过一系列化学反应，释放出清洁的空气。酸雾净化塔常常被用在化工、印染、医药、钢铁、机械、电子等工业部门，用来吸收净化这些部门生产过程中排放出的酸性气体。

重获新生的泰晤士河

泰晤士河被誉为英国的"母亲河"，它哺育了灿烂的英格兰文明。伦敦的主要建筑物大多分布在泰晤士河的两旁，威斯敏斯特大教堂、伦敦塔桥等，每一幢建筑都称得上是艺术的杰作。英国的政治家约翰·伯恩斯曾说："泰晤士河是世界上最优美的河流，因为它是一部流动的历史。"

英国长河

泰晤士河是英国最长的河流。它发源于英格兰的科茨沃尔德山，河水从西部流入伦敦市区，最后经诺尔岛注入北海，全长340千米，通航里程为309千米。

▲ 泰晤士河

遭受污染

19世纪之前，泰晤士河非常清澈，但随着工业革命的兴起及两岸人口的激增，大量的城市生活污水和工业废水未经处理直接排入河中，使得水质严重恶化。夏季，河水臭气熏天，致使沿岸的国会大厦、伦敦钟楼等不得不紧闭门窗。

惨痛教训

1878年，"爱丽丝公子"号游船在泰晤士河不幸沉没，造成640人死亡。事后调查发现，大多数遇难者并非溺水而死，而是因河水严重污染中毒而死。19世纪50年代末，泰晤士河的污染进一步恶化，暴发的霍乱使滨河地区约2.5万人死亡。

▲ 如今的泰晤士河恢复生机

我和环保

经过先后100多年的治理，特别是英国政府最近几十年的艰苦努力，如今的泰晤士河已由一条死河、臭河变成了世界上最洁净的城市水道之一，泰晤士河终于又焕发了生机。现在，河中已有100多种鱼类和300多种无脊椎动物。

整治污染

虽然19世纪后期人们已开始治理泰晤士河，但直到20世纪60年代初，英国政府才痛下决心全面治理泰晤士河。目前，泰晤士河沿岸的生活污水都要先集中到污水处理厂，处理后再排入泰晤士河。

▲ 泰晤士河

化学污染

在正常情况下，水中的元素和化合物含量很低，不会影响人们的使用，但人们不断地向水中排放废弃物和污水，使水中的化学物质愈来愈多。据估计，有些水中化学物质种类已达 100 多万种。因此，化学污染物是水污染中最大的一类污染物。

化学污染物的分类

化学污染物可分为无机污染物质、有机有毒物质、植物营养物质、油类污染物质等几类。生活污水与工业废水中的氮、磷以及农田排水中残余的氮和磷属于植物营养物质，泄漏的石油属于油类污染物质。

▲ 工厂排放出的废气

▲ 化学物品泄漏对河流造成污染

意外污染事故

因为意外事故而造成河流污染的现象也很常见，比如一辆运输有毒物质的卡车不小心掉入河流中，有毒物质外泄，就会污染河流。这种污染会对下游沿岸居民造成很大的威胁，被污染河流的河水在一段时间里不能饮用。

化学污染的危害

化学物质引起水污染的后果是非常严重的。剧毒物质会使水中的生物中毒、发生基因突变、导致畸形、影响胚胎发育和成活率等。剧毒物质还会通过食物链影响其他生物的生存，比如有些鸟类会因此而趋于灭绝。化学污染还会使水体失去旅游、观光和疗养的价值。

▶ 化学物质的排放造成水质明显变化

水俣病与痛痛病

20世纪中期，二战后的日本经济迅猛发展，一跃成为了世界经济强国。不过，它们也为此付出了惨痛的代价，因环境污染导致的水俣病、痛痛病就是最典型的例子。怪病出现后，各种流言和猜测笼罩着周围地区的人们，人们很长一段时间都生活在恐怖的气氛中。

奇怪的病

1953年，在日本九州岛熊本县的水俣镇出现了许多奇怪的现象。先是出现了大批病猫，这些猫步态蹒跚，身体弯曲，疯了一般纷纷跳海自杀。不久，又出现了一批莫名其妙的病人，这些病人开始时口齿不清，表情呆滞，后来发展为全身麻木，精神失常，最后狂叫而死。

▲ 水俣病实际为有机汞中毒。患者手足协调失常，甚至步行困难、运动障碍、弱智、听力及言语障碍、肢端麻木、感觉障碍、视野缩小；重者甚至神经错乱、思觉失调、痉挛，最后死亡。

寻找元凶

因为这种症状最早出现在水俣镇，所以被命名为"水俣病"。1968年9月，人们最终确认此病是由于当地的氮肥厂将含汞的工业废水排入水俣湾引起的。汞沉到海底，经食物链在鱼类和贝类体内富集，猫和人长期吃了这种含汞的鱼类和贝类，最后发生慢性中毒。

令人恐惧的痛痛病

痛痛病发生在日本富山县，患了痛痛病的人，主要症状为骨质疏松，骨骼萎缩。曾有一个患者，打了一个喷嚏，全身多处发生骨折。患者疼痛遍及全身，痛痛病因而得名。痛痛病在当地流行20多年，造成200多人死亡。

◀ 痛痛病的病人身体脆弱，打喷嚏有时都能给他们带来生命危险。

▲ 河水是传播疾病的天然媒介

镉污染所致

原来，日本富山县有条神通川河，当地居民都饮用这条河的水，并用河水灌溉两岸的庄稼。神通川河上游分布着矿产品冶炼厂，冶炼厂的废水中含有较多的镉，镉随废水流入河中，污染了整条河，人们食用了被镉污染的鱼类和庄稼后就会发生镉中毒，因而会生痛痛病。

我和环保

汞也称为水银，是我们常用的体温计里显示度数的银白色金属，它是一种剧毒的重金属，具有较强的挥发性。

水银

怎样处理污水

随着经济的发展和人口的增长,人们逐渐认识到水并不是取之不尽、用之不竭的自然资源,而严重的水污染又使水资源的短缺雪上加霜。所以,污水处理成了人们必须掌握的一门技术。

我国的污水处理

截至 2005 年年底,我国城市的污水处理率已达 52%,其中 135 个城市的污水处理率已达到或接近 70%。661 个城市共建成污水处理厂 791 座,再生水利用量每年近 20 亿立方米。但是,全国还有 278 个城市没有建成污水处理厂。

▲ 污水处理

三大处理方法

污水处理的方法比较复杂,一般有三种处理方法,即物理处理法、化学处理法、生物处理法,其中生物处理法是污水处理的核心。

▲ 污水处理站

物理处理法

物理处理法主要是分离水中不溶解的悬浮固体和漂浮物质。大颗粒的物质常用格栅和格筛截留，细颗粒物质一般用沉淀法去除，比水轻的物质用隔油池来去除。

化学处理法

化学处理法是向污水投入某些化学药品，让这些化学药品与污染物进行化学反应，使污染物凝聚，然后再通过吸附、沉淀就可以使水净化。化学处理法的成本较高，所以一般只用在不能用其他廉价方法处理的工业废水中。

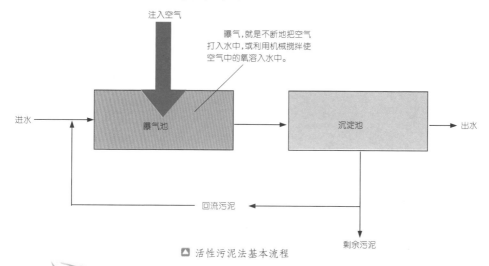

注入空气

曝气，就是不断地把空气打入水中，或利用机械搅拌使空气中的氧溶入水中。

进水 曝气池 沉淀池 出水

回流污泥

剩余污泥

▲ 活性污泥法基本流程

我和环保

活性污泥法也属于生物处理法，它是利用活性污泥（含水率99%以上）中的大量微生物来吸附和氧化污水中的有机物质，最后使污染物以剩余污泥的形式排出，使污水得到净化。

生物处理法

生物处理法是通过微生物的作用，将污水中各种复杂的有机物氧化降解为简单的物质。生物处理法能比较彻底地去除污水中的悬浮物、胶体物及可溶性有机物。

污泥治理

工业废水中的物质复杂,所以产生的污泥也很复杂,有的甚至还有很大的毒性。在处理工业废水时,一般先回收有用部分,变废为宝,然后再将有害部分做填埋处理。生活污水处理后的污泥经消毒后可以当作肥料使用。

▲ 污水处理厂的曝气池一般和沉淀池组成联合工艺流程,分别用于污水的预处理和后处理。

▲ 浇灌的水也是要符合规定的

治理城市污水

一般根据城市污水的利用或排放去向,以及水体的自然净化能力,来确定城市污水的处理程度及相应的处理方法。处理后的污水,无论用于工业、农业还是回灌补充地下水都必须符合国家制定的有关水质标准。

▲ 污水处理厂错杂的管道

划分等级

　　根据污水的处理程度可将污水处理分为一级处理、二级处理和三级处理。一级处理为预处理。二级处理为生化处理，处理后的污水一般能达到排放标准。三级处理为深度处理，处理后的水水质较好，甚至能达到饮用水水质标准。

广泛采用二级处理

　　因为三级处理的费用高，除了在一些极度缺水的国家和地区外，应用比较少。目前，我国许多城市正在筹建和扩建污水二级处理厂，用来解决日益严重的水污染问题。

二次利用

　　污水经过处理后可以浇灌农田、菜地，喷洒道路，冲洗汽车，而且还可以作为人工河流补充用水和人工喷泉等景观用水。但是，经过一般处理的污水还是不能作为饮用水。

▲ 洒水车喷洒道路

海洋污染

浩瀚的海洋是地球上最大的水体,它占据了地球约71%的表面积。海洋宽广的胸怀为人类提供了丰富的资源和宝藏。条条江河汇入大海,大海以它来者不拒的姿态成了众多污染物的最终归宿。

世界四大洋

四大洋分别是太平洋、大西洋、印度洋和北冰洋,我们从世界地图上很容易找到四个大洋的位置。它们约占地球水体的97%,对地球环境变化影响很大。

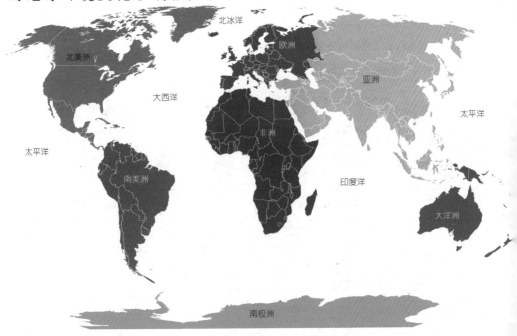

▲ 四大洋位置分布图

海洋也会被污染

人类一直都把浩瀚的海洋直接或间接地作为废物处理的场所。尽管海水是丰富的，但海洋的自净能力并不是无限的，一旦向海洋排放的生活污水和工业废物超出了其自净能力，海洋就会受到污染。

▲ 受到污染的海洋

▲ 海洋污染后陈尸海滩的鱼类

海洋污染物种类

海洋污染物的种类比较复杂，主要包括石油及其产品、金属、酸、碱、农药、放射性物质、生活污水、固体废物等。这些海洋污染物不但破坏海滨环境，危害海洋生物，而且有些有害污染物还会通过食物链危害人类健康。

被污染的海域

海洋的污染主要发生在靠近大陆的海湾。由于海湾附近密集着大量的人口和工业，大量的废水和固体废物倾入海中；加上海岸曲折，造成水流交换不畅，使得海水的温度、含盐量、透明度、生物种类和数量等发生改变，这些都对海洋的生态平衡造成危害。

独具特点的污染

海洋约占地球表面积的71%，是地球上最大的水体。海洋的特殊性，使得海洋污染与大气污染和陆地污染有很多不同，有其突出的特点。

我和环保

世界上污染最严重的海域有波罗的海、地中海、东京湾、纽约湾、墨西哥湾等。就国家来说，沿海污染严重的国家有日本、美国和欧洲一些国家。我国的渤海湾、黄海、东海和南海的污染状况也相当严重。

▲ 地中海的法国蔚蓝的海岸

▲ 被冲上岸的海洋垃圾

污染源众多

海洋是所有污染物的最终归宿，污染物进入海洋后再也没有其他场所可以转移了，所以，一些不能溶解和不易分解的污染物（如重金属和有机氯农药等）便在海洋中积累起来，并随海水的流动而不断迁移，从而使污染不断扩大。

危害性巨大

人类所产生的废物不管是扩散到大气中，丢弃到陆地上，还是排放到河水里，由于风吹、降水和江河径流最后都会进入海洋。

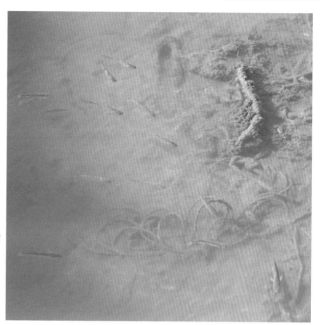

▶ 因污染而变得污浊的海水

▲ 堆满废物的海滩

影响范围广

世界上的各个海洋是相通的，浩瀚的大海时刻在运动着，污染物可以扩散到很远很远的海域。

共同行动，保护海洋

海洋受到污染，会破坏海洋生态平衡，损害水产资源，危害人类健康，因此，保护海洋环境是全人类共同的责任。

▶ 海底垃圾

石油泄漏

有时候，我们会在电视上看到这样的画面：昔日金色的沙滩已成为一片黑色，海边的礁石被乌黑的原油包裹，大片被原油浸泡过的海藻像烂棉絮一样分散在黑油油的海滩上，沾满油渍的海鸟拖着沉重的步伐，喘着粗气不停地挣扎……这就是石油泄漏给海洋带来的严重灾难。

开采过程中的污染

沿海油田在石油的开采和加工过程中常会有石油及石油产品散落在地面上，从而造成污染，而更直接的污染是海上采油过程中经常发生的井喷或泄漏事故。

▲ 石油开采

▲ 石油泄漏污染

自发性污染

许多海底都会自然地冒出原油,从而造成了海洋污染。根据科学家估计,每年全球海底自然漏出的石油在 20 万 ~ 600 万吨。

炼油厂废水

在没有原油的地区,人们会将炼油厂设在沿海地区,方便原油的输入。炼油厂排放的废水,无论是否经过处理,都会污染海洋。

▲ 被石油污染的海岸

油轮意外事故

油轮意外事故造成的海洋污染属于最严重的海洋污染。油轮碰撞、搁浅或是船身损坏都会造成相当程度的海洋污染。油轮事故发生在离海岸 50 海里距离内的概率最高,大概占油轮碰撞事故的 80%。

▽ 油轮

危害海洋植物

油膜使透入海水的太阳光减少,影响海洋植物的光合作用。高浓度的石油会降低微型藻类的固氮能力,阻碍其生长,最终导致其死亡。

我和环保

2002 年 11 月 13 日,"威望"号油轮在西班牙西北部海域失事并沉没,这艘油轮上共装有 7.7 万吨燃油,沉没后泄漏出数万吨燃油。据环境学家估计,这将成为历史上最严重的一次原油泄漏事故,对附近海域造成无法估量的破坏。

▲ 起火的海上油井

▲ 满身油污的海鸟

影响海洋动物

油污粘在海兽的皮毛或海鸟的羽毛上,它们就不能调节自身的体温,也会失去游泳或飞行的能力。黏度大的油会堵塞水生动物的呼吸和进水系统,使之窒息死亡。油膜和油块还能粘住大量鱼卵和幼鱼,使鱼卵死亡或者孵化出畸形的小鱼。

▲ 多种多样的海洋生物

危及人类生命

石油及石油氧化物污染了海水，使沿海地区的海盐生产、海洋化工等受到影响，还会污染沿海地区的地下水。人们食用了被石油污染的海产品会造成慢性中毒，严重的甚至会危及生命。

石油污染的处理

处理海洋石油污染应该首先用围油栏将浮油阻隔起来，防止其扩散和漂流，然后用各种物理方法把围起来的石油尽量回收起来，对无法回收的部分再用化学方法和生物方法处理掉。

▶ 清理漏油

围油栏

墨西哥湾漏油事件

2010年5月，美国墨西哥湾发生原油泄漏事件。这次原油泄漏事件引起全球关注，世界各国向美国运送设备和人员，以帮助美国尽快处理漏油事件。经过两个多月的努力，漏油点终于被堵住，但这次事件给墨西哥湾地区带来了严重的环境问题。

油田起火

墨西哥湾因濒临墨西哥而得名，这里是中美地区著名的石油产地。2010年4月20日，美国墨西哥湾一处海上石油钻井平台发生起火爆炸事故，石油钻井平台爆炸后两天，海下探测器探查显示，钻井隔水导管和钻探管开始漏油。

原油泄漏

▽ 墨西哥湾

海下探测器探查表明，海下钻井隔水导管和钻探管以每天1 000桶左右的漏油量向外漏油。在第一处漏油点被发现之后，石油工程人员又发现新的漏油点。到4月28日，美国海岸警卫队对外宣布又有一处漏油点被发现，油井的漏油量每天达5 000桶左右。

紧急封堵漏油点

　　漏油事件发生后,美国相关部门采取紧急措施尝试着对漏油点进行封堵。与此同时,为避免海上浮油扩散,救灾人员着手试验烧油,但这些措施都收效甚微。到7月15日,漏油事件发生近3个月后,新的控油装置才成功罩住水下漏油点,使原油不再流入墨西哥湾。

我和环保

2011年6月11日,渤海湾的一处钻井平台发生溢油事故,产生的溢油带在渤海湾蔓延1千米以上,给这一海域的渔业和养殖业造成了严重影响。

△ 石油开采

事件影响

　　墨西哥湾漏油事件给墨西哥湾造成了空前的环境灾难,给墨西哥湾沿岸的生态环境带来了灭顶之灾。墨西哥湾沿岸1 600多千米的湿地和海滩被毁,当地的珊瑚礁大面积死亡,大量的鱼类和海鸟死于非命,许多处于产卵期的动物都因油污而死亡。

△ 海滩被油污覆盖

 赤 潮

赤潮是海洋中某一种或几种浮游生物在一定环境条件下暴发性繁殖或高度聚集引起海水变色,影响和危害其他海洋生物正常生存的灾害性海洋生态异常现象。赤潮虽然自古就有,但随着工农业生产的迅速发展,水体污染日益加重,赤潮也日益严重。

什么是赤潮

赤潮并不一定都是红色的,根据它发生的原因、种类和数量的不同,水体会呈现不同的颜色,有红色、绿色、黄色、棕色等。但是,某些赤潮生物引发的赤潮并不引起海水呈现任何特别的颜色。

自然因素

海区的地理位置、地形特征、水文、气象、海流、海况等是形成赤潮的自然因素。如强台风、大暴雨后海水盐度下降,气温、水温、气压升高都可以成为赤潮形成的条件。

污水是主因

工业废水和生活污水大量排入海中,使海水中氮、磷、铁、锰等元素以及有机化合物含量大大增加,促使一些海洋生物大量繁殖,从而形成赤潮。

有毒赤潮和无毒赤潮

有毒赤潮生物体内含有某种毒素或能分泌出毒素,它们形成的赤潮会对生态系统、海洋渔业、海洋环境以及人体健康造成不同程度的毒害。无毒赤潮生物体内不含毒素,也不分泌毒素,虽对海洋生态、海洋渔业、海洋环境也会产生一些危害,但不会产生毒害作用。

▲ 海洋环境与藻类的生长息息相关

▲ 海洋藻类

能引发赤潮的生物

海洋浮游藻是引发赤潮的主要生物,在全世界4 000多种海洋浮游藻中有260多种能形成赤潮,其中有70多种能产生有毒赤潮。

▲ 赤潮过后，大批鱼类死亡。

赤潮毒素——贝毒

由赤潮引发的赤潮毒素统称贝毒，目前，已确定有 10 余种贝毒的毒素比眼镜蛇的毒素高 80 倍，比一般的麻醉剂（如可卡因）高 10 万多倍。赤潮毒素引起人体中毒事件在沿海地区时有发生。

▲ 赤潮过后的海滩

▲ 一些以鱼类为食的海鸟在捕食了中毒的鱼后，生命也会受到威胁。

危害海洋生物

有些赤潮生物分泌的黏液粘在鱼、虾、贝等生物的鳃上，会妨碍它们呼吸，最终导致窒息死亡。有些赤潮生物体内或代谢产物中含有的生物毒素能直接毒死鱼、虾、贝类等生物。

危害人类健康

赤潮生物分泌的毒素有些可以通过食物链传递给人类，造成人类食物中毒，严重的甚至会导致死亡。据统计，全世界因赤潮毒素引发的中毒事件300多起，死亡300多人。

▲ 贝类是海洋中最常见的生物

赤潮预防

加强海洋环境保护，控制沿海废水废物的入海量，特别要控制氮、磷和其他有机物的排放量，避免海水的富营养化是防范赤潮发生的一项根本措施。如果人类无止境地向大海排污弃浊，最终将会失去壮丽的大海，受到大自然的惩罚。

我和环保

目前，赤潮已成为一种世界性的公害，美国、日本、中国、加拿大等30多个国家和地区赤潮发生得都很频繁。赤潮的全球性危害已引起国际社会和科学家的高度重视。

▲ 赤潮

蓝 藻

现代社会大量含氮、磷肥料的生产和使用,以及食品加工、畜产品加工等造成大量的工业废水和生活污水,这些废水和污水未经处理便被排放到湖、海之中,使湖水、海水中氮、磷等植物营养物质过剩,从而导致蓝藻事件频频暴发。

太湖蓝藻事件

2007 年夏季,太湖湖区暴发大面积蓝藻。太湖湖区的湖水透明度为零,整个湖面如同被刷上一层厚厚的绿色油漆。蓝藻暴发后,当地市区的自来水臭味严重,引发了无锡市有史以来因太湖蓝藻暴发导致的最大规模自来水供应危机。

我和环保

目前,我们使用的洗涤用品中有一些含有磷。磷是一种高效助洗剂,同时也是藻类的助长剂,水中的含磷量升高,水质趋向富营养化,就会导致各种藻类疯长。

▽ 蓝藻

蓝藻的危害

　　蓝藻是一种浮游生物，大规模的蓝藻暴发，被称为"绿潮"（和海洋发生的赤潮对应）。绿潮会引起水质恶化，使饮用水水质下降。严重时，会耗尽水中氧气而造成鱼类死亡，对养殖业造成危害。

▲ 海滩上的死鱼

太湖蓝藻暴发的原因

　　由于太湖流域工业化、城市化进程加快，区域人口增加，产生的生活污水量较以前迅速增大，而当地排污设施落后，跟不上城市化进程的步伐，致使污水未经处理或只经过简单处理就被排放到太湖中，造成湖水富营养化，浮游藻类大量繁殖，暴发蓝藻。

▲ 蓝藻是最原始、最简单的一种藻类生物

如何防治蓝藻

　　防止蓝藻的根本办法就是切断污染源。科学家们正在不断努力寻找更有效的废水处理方法。通过研制设计出新型生物农药，利用昆虫的致病微生物杀灭害虫，减少化学农药的使用。

水的自净能力

河流、湖泊和小溪中的水都是流动的,人们常说"流水不腐",意思就是自然界中的水在循环过程中具备一种自我净化的能力,使得自然界总保持一定量的干净清洁的水,供所有的生物使用。

河流的自净

当污水流入河流中,河流就会被污染。进入河流中的污水首先被河水混合、稀释和扩散,而污染的河段还在一直不停地向前奔流,最终汇入大海,这样河流就实现了自身的净化。

我和环保

污染物中质量比较大的物质也有可能沉积在河床上;容易氧化的物质通过水中的氧气进行氧化;有机物通过水中微生物进行生物氧化分解。这样,当经过一定时间,流到一定距离时,河水就恢复到原来的清洁状态,这就是河流的自净能力。

运动的海水

浩瀚的海水无时无刻不在运动,当污染物质进入海洋后,有的漂浮于海面,有的悬浮在海水中,有的溶于海水,还有的沉降于海底沉积物中。污染物不论存在形式如何,在海水中都进行着物理、化学和生物变化。

海洋的自净

海洋通过自身的物理、化学及生物作用,将污染物质的一部分或全部吸收、沉积、降解、稀释或转化,恢复到原来的状况,这就是海洋的自净能力。

△ 海水自身的调节运动

▽ 河流最终会流向大海

海洋石油污染不仅影响海洋生物的生长环境，还会降低海洋的自净能力。

天然处理场

陆地上的主要江河最终流入大海，它们携带的污染物也会进入大海。这些污染物要么沉积，要么消失，因此海洋是陆地污染物的天然处理场。但是，如果带入的污染物过多，海洋不仅无法消除污染，自身也可能遭到污染。

大海

影响海洋自净能力的因素

影响海洋自净能力的因素很多，主要有海岸地形、水中微生物种类的数量、海水温度和含氧状况以及污染物的性质和浓度等。当然，海域越大，海水自净能力越强。

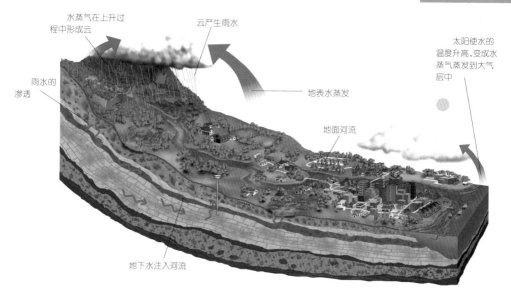

水蒸气在上升过程中形成云

云产生雨水

太阳使水的温度升高,变成水蒸气蒸发到大气层中

雨水的渗透

地表水蒸发

地面河流

地下水注入河流

▲ 在自然界中,水的大、小循环交织在一起,如同地球的血液,流动在地球的各个角落,使地球具有活力,也充满了生机。

🌀 其他影响因素

　　水体自净能力的强弱还受到其他因素的影响,比如水质、水温、水的流量、水的流速以及河流的弯曲复杂程度,等等。

◀ 蓝色的海湾

🌀 不能净化的物质

　　海洋和地面水对于自然出现的一般有机物质都具有很强的自净能力,但对于合成洗涤剂、有机氯农药等有机化合物质和诸如氰化物、重金属类、放射性物质等有毒物质,自净能力则非常有限。

▲ 被污染的海滩

干涸的瀑布

长期以来,塞特凯达斯瀑布一直是巴西和阿根廷人民的骄傲。世界各地的观光者纷至沓来,在这从天而降的巨大水帘面前,游客置身于细细的水雾中,感受着世外桃源的清新空气,常常陶醉不已,流连忘返。

塞特凯达斯瀑布

塞特凯达斯瀑布又名瓜伊雷瀑布,宽3 200米,被岩石分割成18股飞流,年平均流量达每秒13 300立方米,是世界上已知的流量最大的瀑布,也是最宽的瀑布之一。

我和环保

人类为了提供廉价电能和改善灌溉系统修建了许多大大小小的水坝。水坝在一定程度上会破坏自然环境,影响生态平衡,给鱼类和其他水生动物造成无法弥补的损失,大量的森林和湿地也会消失,而森林和湿地在保护水资源方面发挥着重要作用。

▼ 1982 年伊泰普大坝建成蓄水后,塞特凯达斯瀑布被淹没。

消失的瀑布

20 世纪 80 年代初，塞特凯达斯瀑布上游建起了一座当时世界上最大的水电站——伊泰普水电站。水电站的拦河大坝截住了大量的河水，使得瀑布的水源大减，周围国家的许多工厂用水毫无节制，同时沿河两岸的森林被乱砍滥伐，水土大量流失，大瀑布水量逐年减少。

▲ 伊泰普水电站位于巴西与巴拉圭之间的界河——巴拉那河上，是目前世界第二大水电站。

▲ 塞特凯达斯瀑布已经枯竭，人们正在努力保护剩下的瀑布。

引起世人关注

几年过去，塞特凯达斯瀑布已经逐渐枯竭。科学家们预测，过不了多久，瀑布将完全消失。消息传开，许许多多的人都感到震惊和痛心，同时也唤起了人们保护环境的责任心。他们痛苦地接受了现实，并纷纷加入到全世界宣传"保护环境，爱护地球"的行动中。

节约用水

我们已经知道,地球上能够被利用的水资源是非常有限的,全世界的许多地区都面临水资源短缺的问题,随着污染的加剧,水资源愈来愈匮乏。节约用水,人人有责。只有大家都注意节水,水荒才能远离我们,生活才会安定和谐,环境才会优美舒适。

合理用水

节水不是不用水,而是要合理地用水,高效率地用水,不要浪费。专家们指出,就目前情况来说,运用今天的技术和方法,农业减少10% ~ 50%的用水,工业减少40% ~ 90%的用水,城市减少30%的用水,都丝毫不会影响经济水平和生活质量。

△ 合理用水,节约用水,杜绝浪费。

水龙头上安装的节水器

使用节水器具

节约用水采用节水器具很重要,也最有效。节水器具种类繁多,有节水型水箱、节水水龙头、节水马桶等。如果家里厕所的水箱容量大,可在水箱里放一个装满水的大可乐瓶或其他容器,这样可减少每次的冲水量。

我和环保

为了节约用水,我们可以做到一水多用:洗脸水可以洗脚,然后冲厕所;家中预备一个收集废水的大桶,它完全可以保证冲厕所需要的水量;淘米水用来洗碗筷,去油又节水;养鱼的水浇花,能促进花生长。

节水马桶

以色列是个严重缺水的国家。以色列的节水技术堪称一绝,其生产的节水设备已经出口到很多国家。以色列的抽水马桶上有一大一小两个按钮,分别用于大小便后冲水,冲水量相差一半。

功能不同的按钮

节水宣传语

水是生命的源泉、农业的命脉、工业的血液！

节约用水、保护水资源，是全社会共同责任。

世界缺水、中国缺水、城市缺水，请节约用水。

惜水、爱水、节水，从我做起。

珍惜水就是珍惜您的生命。

浪费用水可耻，节约用水光荣。

水是不可替代的宝贵资源。

▲ 全球提倡节约用水

▲ 雨水收集储藏

利用雨水

从天空落下的雨水是大自然赐予我们的甘霖，如果就这样让它们白白流走，岂不是太可惜了？在一些干旱地区，甚至西欧一些雨水充沛的国家，人们都制造各种设施留住雨水，让雨水为人类服务。

我和环保

我们应该怎么做才能养成良好的用水习惯呢？做饭时，土豆、胡萝卜先削皮再冲洗；用水间歇（像开门接客人、接电话、换电视机频道）关闭水龙头；刷牙时用口杯；睡觉前、出门前、停水时，检查水龙头是否关好；家中的水管等设备漏水时要及时修好。

储雨窖

在干旱和半干旱地区,人们会在地下建一个储雨窖,这个储雨窖一般建在地势低的地方,有的储雨窖还有引导雨水的水沟和管道的作用,雨水沿着水沟和管道流进储雨窖储存起来,供人们利用。这些地区降雨量一般很少,所以也不会将储雨窖灌满。

▲ 地下储雨

收集雨水

人们将铁桶、塑料桶等容器直接接在雨落管上收集雨水,所收集的雨水主要用于庭院洒水、浇灌花草。这种收集雨水的方法适合一般居民楼、平房或四合院采用。

▲ 雨水收集

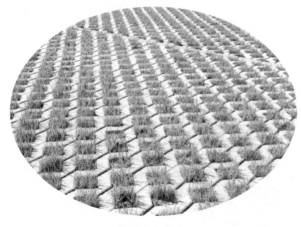

▲ 透水植草砖

🔘 使用透水材料

　　把不透水的地面砖换成透水砖，通过透水砖的孔隙吸收雨水。北京奥林匹克公园内的人行路及广场上铺装了 14.4 万平方米先进的透水材料，停车场采用新型透水植草砖，均可实现雨水的回收利用。

🔘 净化雨水

　　储存的雨水除了农业灌溉外，人也可以使用。但是需要净化，去掉水中的杂质和对人体有害的物质，这样才能使用。国家游泳中心利用其屋顶对雨水进行收集、调蓄、过滤、消毒等处理后回用，每年可回用雨水 1 万余立方米。

　　🔽 国家游泳中心（水立方）所用的材料不仅环保节能，而且具有自洁功能，利用雨水即可冲刷气枕上的灰尘、杂物，而且不会留下水痕。

滴灌技术

滴灌技术是以色列最著名的节水灌溉技术。该国 80% 以上的灌溉农田都采用滴灌, 10% 为微喷, 5% 为移动喷灌。以色列人发明的滴灌还能根据作物种类和土壤类型设置滴灌控制系统, 使田间的用水效率得到显著提高。现在, 以色列滴灌设备生产者每年都会推出 5 ~ 10 种新产品。

◄ 节水灌溉

我和环保

北京市是一个用水量很大的城市, 也是一个水资源比较缺乏的城市。包括国家体育场在内的 15 个奥运场馆都安装了雨水利用系统, 并使用了透水性很强的铺装材料, 平均雨水利用率达 85%, 这也缓解了北京市水资源紧缺的状况。

雨水排放费

德国制定了一系列有关雨水利用的法律法规。如目前德国在新建小区(无论是工业、商业还是居民小区)之前, 均要设计雨水利用设施, 若无雨水利用设施, 政府将征收雨水排放费。

⬆ 森林能很好地蓄积雨水

保护水环境

面对日益严峻的水资源短缺问题,保护水环境已成为全世界人民的共识。目前,世界各国纷纷采取措施保护水资源,主要途径有:节约和合理用水,减少对水资源的浪费;防止和治理水污染;植树造林,防止水土流失;淡化海水,扩大淡水来源等。保护水环境已成为我们刻不容缓的任务。

设立管理机构

世界各国建立了不同类型的水资源管理机构,针对一些国际性水域,如莱茵河、多瑙河及北美五大湖,成立了相应水源保护组织。我国的水资源保护工作始于20世纪70年代中期,已经颁布了《中华人民共和国环境保护法》、《中华人民共和国水污染防治法》和《中华人民共和国水法》等相关法律。

▲ 绿化环境

大力植树种草

大力发展绿化,增加森林面积。森林有涵养水源、减少蒸发及调节小气候的作用,林区和林区边缘还有可能增加降水量。所以,植树造林是我们始终不渝的责任。

污水再利用

城市开发利用污水资源，发展中水处理和污水回用技术。城市中部分工业生产和生活产生的污水经过处理净化后，可以达到一定的水质标准，作为非饮用水用于绿化、卫生用水等方面。

△ 绿化用水

各国的节水措施

地处干旱地区的科威特、沙特阿拉伯致力于开发海水淡化技术和运用先进的农业滴灌技术；在雨水充沛的印度，全民行动起来收集雨水；日本、德国等国家不断开发先进的节水型产品等，世界各国的人们都行动了起来，积极参加节水行动。

提高保护意识

我们的生活离不开水，社会的进步还会产生污水，所以我们必须树立保护水环境的意识，时时刻刻注意节约水资源，尽最大努力减少污水的排放量。行动起来吧，保护水资源，造福于子子孙孙，否则，剩下的最后一滴水将是我们的眼泪了。

◁ 地球上的水并不是取之不尽、用之不竭的，我们应该珍惜每一滴水。

环境科学丛书

Series of Environmental Science

珍贵的水资源